安心蔬菜自己種

陽台菜園「有機栽種」全圖解！

從播種育苗到追肥採收，28款好種易活的美味蔬菜

謝東奇／著

推薦序

在家種菜，不必等到退休

因為「菜」而與東奇結緣。

初次聽見東奇講述他正在推廣「家庭菜園」時，覺得這個構想很棒，不但可以讓人體驗種菜，也能樂在其中，不過多數人不知如何著手而作罷，因此萌生東奇寫書的念頭，希望能把理論結合實際經驗分享給大家，用簡單的方法教授基本的觀念，觀念通了，自然種什麼都容易成功，這本書非常值得家庭種菜愛好者或種菜初學者收藏。

自然的生活是大多數人所嚮往的。愈來愈多人希望在年輕時多打拼，可以到老的時候買一塊地，退休後自己種菜，享受田園的樂趣。我們常在想：「適地適種」、「身土不二」，人跟土地、植物之間的三角關係，一直是一個很奧妙的話題。土壤顧好了，養分增加了，植物長好了，營養也增加了，人吃了之後身體自然更健康。

古早人種的菜吃起來會有菜的香味，那是因為菜是慢慢長慢慢大，營養也可以慢慢的累積，多吸收一點土地與陽光的精華，自然就變得好吃了。

自己在家種菜，可以看到菜的成長過程，也可以學習如何與你的菜做好朋友，讓自己的心靈沉澱下來，同時也讓家人吃到健康無污染的蔬果。心動了嗎？聰明的你可以開始動手在家種安心蔬菜。

沛芳綜合有機農場
吳成富・洪靜芳夫婦

都市人也能樂活栽

小時候，外公家種茶，這是我對農業的第一次接觸。

我家的後院有大片地可以種菜，在菜園裡的時光，也成為我小時候深刻的記憶。菜園不但是我玩耍的基地，每到傍晚，媽媽總會要我去採些菜回來，這些在當時習以為常的生活，長大到台北上班之後，顯得格外珍貴。很懷念媽媽在廚房大喊：「東奇，等一下拔些香菜回來」。

兒時的生活，影響我後來選擇居住的環境，對我來說，不能種菜的房子不算是好房子，所以我決定從台北搬回桃園老家居住。

人人都能在家種安心蔬菜

回桃園後，看到爸爸種菜過程的喜悅，也把種菜的成果分享給鄰居好友，讓大家都能共享自己種的安心蔬菜。心想這種單純的喜悅，不應該只有鄉下人才能擁有，若能讓都市人在家也能獲得同樣的樂趣，甚至藉由栽種，達到釋放壓力的效果。於是，我開始思索研究都市家庭種菜的可能。

人們三餐所食皆與農業息息相關，但大部分民眾卻很少去了解農業。市場販售的菜是怎麼種的？什麼季節該吃什麼蔬菜？怎樣買？買什麼才安全？藉由自己種菜來認識農業，除了可以吃到自種的安心蔬菜之外，更能體會食物的珍貴與價值。試想，若我們辛苦九十天種的高麗菜，你願意賣多少錢？

台灣蔬菜價格常有波動，價高時會產生抱怨，但價低時卻不懂珍惜，甚至浪費食物。我們的農產價格存在一些供銷問題，非一般人可以去改變，雖然如此，我們還是可以透過平時的行為來影響：「我們吃什麼、買什麼，決定農夫種什麼、怎麼種。」。所以，支持在地作物、生產履歷，讓真正種好東西供給我們食用的辛苦農民，得到應有的公平與報酬。

都市種菜非難事

農業可說是一門比科技更科技的產業，非一人能了解所有農事。除了分享「安心蔬菜自己種」這本書上的農作知識與種植經驗之外，本書更要感謝「沛芳有機農場」吳成富先生、「福山有機農場」謝源財先生、「清心園有機農場」宋輝雲先生、「樂活有機農場」沈朝揚先生、「耕心田有機農場」黃照銘先生，以及總編輯翠萍、編輯靜恩、攝影阿志、阿億等不辭勞煩的協助，讓本書順利誕生。還要感謝桃園農業改良場以及桃園農會，提供農業專業知識與農業問題解決方法的管道。

農事並非三言兩語所能道盡，其中樂趣只有實際體驗的人能了解，因此平時除了種菜、演講之外，見人就說種菜事已變成我生活的一部分，期待能影響更多人了解種菜，實際體會農民生活，讓栽種更有機、更公平、更環保、更健康。

CONTENTS

Part 1 新手種菜第一步

Part 2 快樂種菜Step by Step—根莖、瓜、豆、果栽種

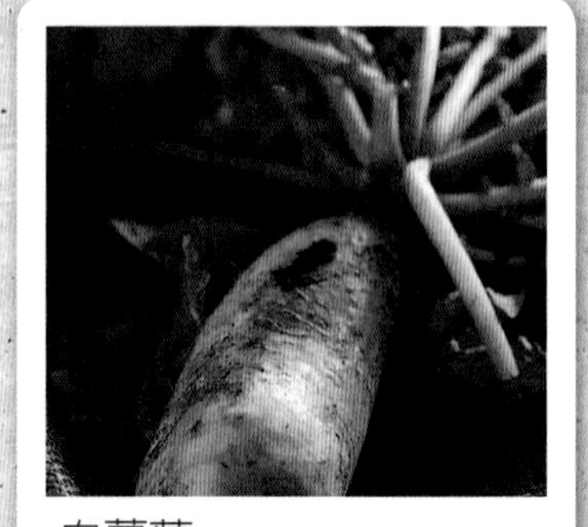

Part3 快樂種菜Step by Step — 結球、花菜、香辛植物栽種

❶ 結球&花菜

❷ 香辛植物

Part 4 快樂種菜Step by Step－**葉菜類栽種**

❶ 扦插

❷ 播種

☆附錄：

Part 1

新手種菜第一步

想要當個城市農夫嗎？

想要擁有「陽台菜園」嗎？

不用擔心要從何下手，

準備好工具，檢視家中環境，

把握日照、土壤、施肥、水分等要領，

讓你一年四季在家就能採收蔬菜！

你家的日照充足嗎？

菜要種的好，首要條件就是要有充足的陽光，因為陽光是植物進行光合作用的重要元素。

全日照的蔬菜才能長得好

有些植物需要全日照，有些僅需半日照（如：紅鳳菜）。**對於大部分（幾乎所有）的蔬菜來說，全日照是最理想的日照量**。所謂全日照是指：一天的太陽直射時間八小時以上；半日照則指一天的太陽直射時間四小時左右。

都市種菜能選擇的環境不多，不外乎陽台、頂樓、庭院等地方，頂樓只要不被較高層的鄰樓擋住，陽光都相當充足，夏天甚至需要使用遮光網來阻擋部分陽光，因此**頂樓是最理想的「都市菜園」**。但如果無法使用頂樓，也可以利用陽台的空間，但要多注意光線、日照及水分照顧。

▶全日照是最理想的日照量。

朝南方的位置，是種菜的首選方位

不管選在哪裡種菜，只要環境的陽光不足，就無法種好蔬菜，這時候了解種菜的「座向」就格外重要。

台灣位於北半球，所以大部分時間太陽在我們的南方，**因此「朝南」的方向是最適合種菜的座向**。「朝東南」的位置，雖然只有半天的日照，但因為早晨的陽光和煦溫和，對於蔬菜生長有正面的幫助，也是不錯的選擇。「朝西」位置需要注意夏天的西曬問題，強烈的日照有可能會把蔬菜嫩葉曬傷，若是遇到陰天，那麼一整天的陽光都會不足而不利蔬菜生長。「朝北」座向的陽光，常常會被自己的的房子擋住，因此最不利蔬菜生長，是最差的種菜環境。

找出家中最適合的日照環境，才能開心的成功經營自己的實體小小農場喔！

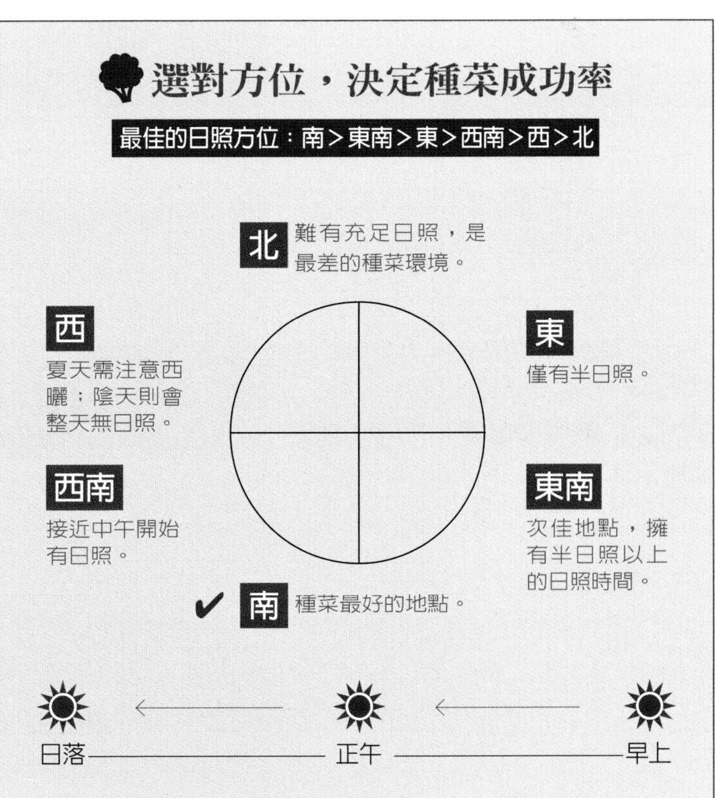

都市種菜的三大好地點

1 陽台

▲ 在陽台種菜，要特別注意日照與水分的照顧。

2 頂樓

▲ 頂樓只要不被鄰近建築物遮住陽光，是最理想的都市菜園。

3 庭院

▲ 庭院的理想條件就如同頂樓，只要日照不被鄰近大樓遮蔽，也能成為理想的菜園。

新手栽種
第2課

種菜要用什麼土？

好的土壤是決定種菜成功的關鍵之一。不過，哪一種才是適合居家種菜的好土壤呢？讓我們先來認識「一般土」與「培養土」的特性。

路邊的土可以拿來種菜嗎？

山上的土、田裡的土、河邊的土、鄉下老家的土，這些土我們統稱為「一般土」。

一般土的土質成分因地而異，並非都適合用來栽種蔬菜。如果一定要使用一般土做為居家種菜的選擇，一定要慎選。河邊的土容易有重金屬汙染，最好不要使用；如果鄉下的親朋好友已經有種植成功的土壤，而且沒有使用農藥或化學肥料，是最好的選擇。但是一般土常常會有不明的蟲、蟲卵、病菌等等，所以建議在使用前，先在大太陽底下曝曬5～7天徹底殺菌，再來種植使用較為安全。

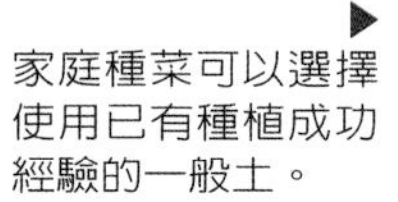

家庭種菜可以選擇使用已有種植成功經驗的一般土。

培養土太鬆軟 植株站不穩，怎麼辦？

我們常見的培養土，是近年來家庭園藝盛行所加工製成的土。培養土已經過消毒殺菌處理，乾淨無菌，很適合家庭園藝使用。在購買時，請選擇大廠牌的培養土，品質較為穩定。

但培養土也有些缺點，相同體積的培養土與一般土的重量大約1：4，可見培養土的重量很輕、質地很鬆軟，因此在種植較大型的植物，如玉米、茄子、番茄、青椒時，常會有植株垂軟站不穩的情形，所以最好要添加1/4～1/3的一般土混合使用，再加入1/10～1/8的有機肥當作基肥，如此才是適合種菜的土壤。如果是短期的葉菜類，則直接以培養土種植就可以了。

▲ 培養土乾淨無毒，適合家庭種菜。

如何拌出軟硬適中的土質？

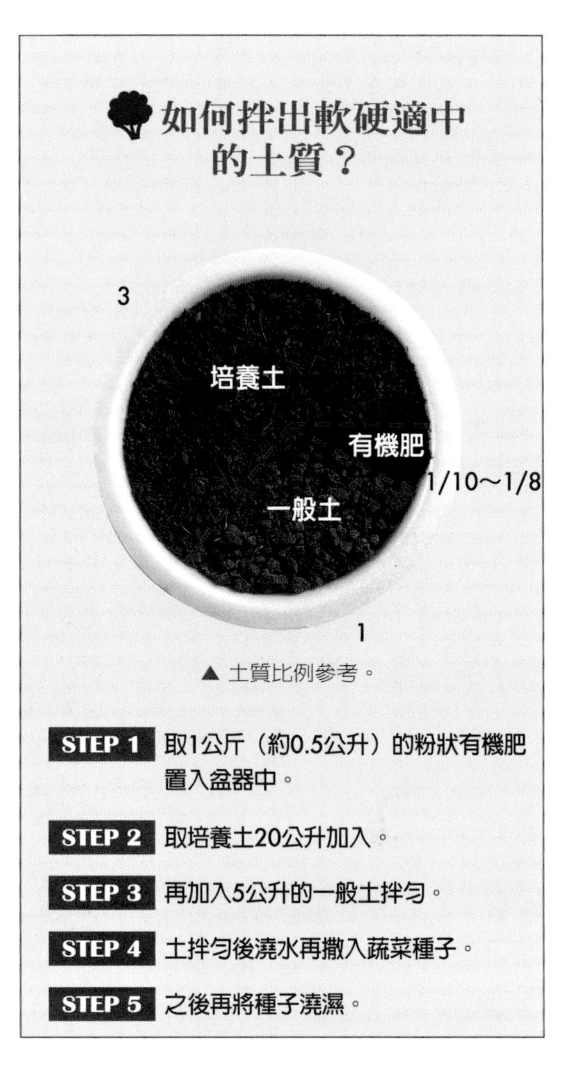

▲ 土質比例參考。

STEP 1 取1公斤（約0.5公升）的粉狀有機肥置入盆器中。

STEP 2 取培養土20公升加入。

STEP 3 再加入5公升的一般土拌勻。

STEP 4 土拌勻後澆水再撒入蔬菜種子。

STEP 5 之後再將種子澆濕。

培養土 VS 一般土的比較

	優　點	缺　點
培養土	• 乾淨無菌。 • 質輕鬆軟。（是優點也是缺點） • 通氣性佳，排水性佳。 • 容易取得，方便使用。	• 土質鬆軟，植株易倒伏。 • 土壤結構較缺全微量元素。 • 保肥力較差。
一般土	• 保水、保肥力佳。 • 富含植物所需微量元素。 • 土性扎實，植株不易倒伏。	• 土質成分不明。 • 長期使用農藥化肥，土壤酸化。 • 重金屬汙染嚴重。 • 含病菌、蟲卵、雜草種子的機率高。 • 重量重。 • 土壤容易硬化。 • 通氣性較差。

看天種菜，才能快樂收成

古諺「身土不二」，意思是說自己家鄉所種植的作物最營養健康。老祖先在這塊土地生活了幾百年甚至千年之久，飲食與土地已緊密的產生良好的互動關係，什麼時候種什麼、吃什麼已有一套先人所留下的經驗紀錄。

食用當季在地蔬果

配合氣候我們可以吃到最新鮮營養的當季蔬菜水果，而家鄉的土地所孕育出的農作物，也足以提供人們日常生活所需的營養，這也與近年來被重視的「當季、在地飲食」、「百哩飲食」，與注入環保意識的「食物里程」所表達的意思相同。

由於交通運輸的便利，我們可以很輕易的吃到離我們幾百哩、甚至幾千幾萬哩遠的食物。其實我們身體所需的營養，絕對不需靠這些外來食物來提供我們營養，在地農夫所生產出的作物就足夠我們所需了，因此除了嘴饞、嚐新之外，應更珍惜我們身邊的「當季、在地」飲食文化。

蔬菜適種月份表

雖然現在農業科技發達，想要吃什麼蔬果都很容易取得，但還是建議在該季食用當季的蔬果，才是最健康的養生之道。

我們可以參考附錄的中國傳統種菜二十四節氣表（P155），或者種子行所售之種子包裝盒上的說明來種植，畢竟因品種、栽種環境、海拔對於蔬菜的生長都會有影響。

蔬　菜	栽種月份	採收天數
青（甜）椒	1月～6月	播種後50天
小黃瓜	1月～6月	播種後40～50天，之後可陸續採收30～50天
辣椒	2月～6月	播種後50～60天
九層塔	2月～9月	播種後35～40天，之後可連續採收3～4個月
空心菜	3月～10月	播種後30～35天
落葵	3月～10月	播種後30～35天
結頭菜	9月～翌年3月	播種後60～70天
高麗菜	9月～翌年3月	栽種後80～100天
茼蒿	9月～翌年3月	播種後30～40天，可連續採收1～2次
菠菜	9月～翌年3月	播種後35～40天
甜菜根	9月～翌年3月	播種後60～80天
青蒜	9月～翌年3月	播種後40～50天
結球白菜	9月～翌年3月	播種後70～80天
青花菜	9月～翌年3月（初秋、初春最佳）	播種後80～90天
白蘿蔔	9月～翌年4月	播種後80～100天
芫荽	9月～翌年4月	播種後30～40天
青蔥	10～3月分株／或全年品種	播種後50～60天，可連續採收數個月
豌豆	10月～翌年3月（秋季最佳）	播種後45～50天，可連續採收至少40天
芹菜	10月～翌年4月	播種後40～45天
番茄	全年	播種後60天，可連續採收一個月以上
小白菜	全年	播種後25～30天
芥藍菜	全年	播種後30～40天
青江菜	全年	播種後25～35天
萵苣	全年	播種後30～35天
櫻桃蘿蔔	全年（春、秋、冬季佳）	播種後30～40天
地瓜葉	全年可扦插（春季最佳）	扦插後30～40天
紅鳳菜	全年扦插（10～6月最佳）	扦插後30～40天

註：以上表格，以本書介紹栽種蔬菜爲主，其它蔬菜適種季節，可參考P155附錄中的中國傳統種菜二十四節氣表。

蔬菜要喝多少水才夠？

種菜沒有公式可循，但只要掌握重要原則，了解蔬菜需要什麼、怕什麼，給他們喜歡的東西，自然長得好。

澆水的三大原則

種菜新手最常有的疑問是：到底一天要澆多少次水？一次要澆多少水才夠呢？把握以下三大原則，不再有澆水的困擾。

Point 1 正午不澆水

土壤經過白天的日照後，吸收了熱氣，土與根都處在炎熱的環境，如果在此時澆水，在冷熱交替之下容易造成植株的根系受傷，進而影響生長發育。

Point 2 水量要澆透

家庭種菜使用的盆器通常都不大，保水能力有限，所以澆水時盡量要澆透（澆到有水從排水孔流出），至少一星期要澆透水一次。

Point 3 季節給水

夏天澆水二次（早、晚各一次），其他季節若白天無強烈日照，那麼只需早上澆水就好；晚上若需澆水，盡可能直接澆至土裡，讓蔬菜葉面保持乾爽，如此可以降低病蟲害的發生。

新手栽種 第5課

城市農夫的必備工具

工欲善其事，必先利其器，好的工具，對種植有絕對的幫助！

十種種菜好用工具

家庭菜園通常栽種的範圍不大，因此您可以依據個人的實際需要添購或DIY一些工具來使用。

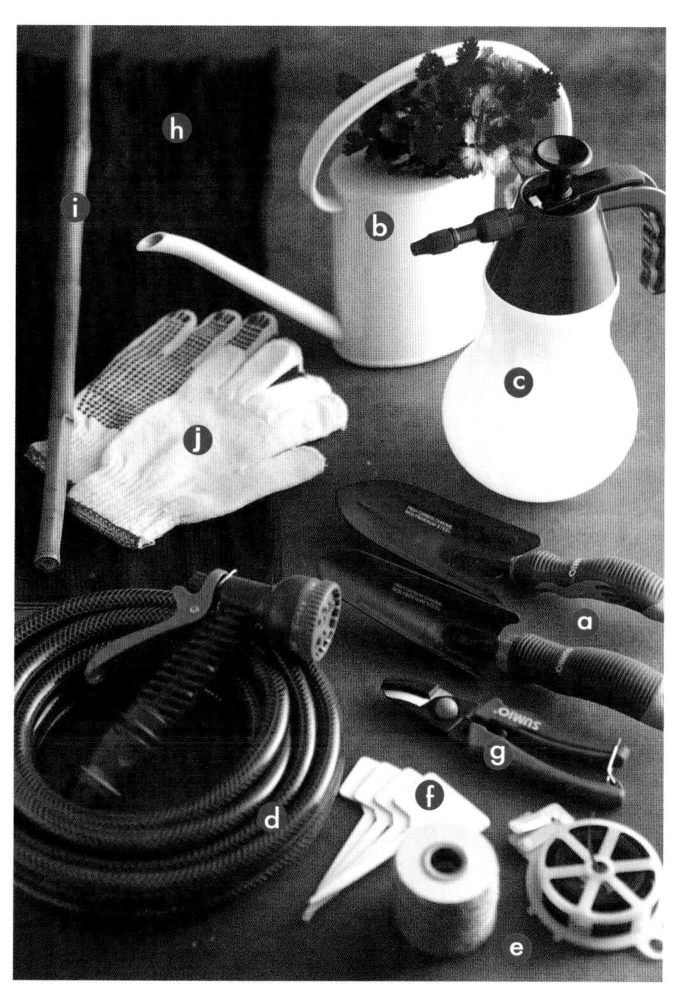

ⓐ 鏟子：用來翻土、混土、拌土、鬆土、移植等使用。

ⓑ 長嘴水壺：可一次澆透，給予植物充足水分。

ⓒ 噴水壺：噴霧狀的噴頭設計，出水力道較溫和，適合蔬菜幼苗期使用。

ⓓ 水管噴水組：多樣出水設計，適合庭院或頂樓等較大面積區域使用。

ⓔ 魔帶、棉繩：用於固定植株於架設的枝條或支架上，幫助植株成長穩定。

ⓕ 蔬果名牌：可清楚標明蔬果名稱、播種時間、施肥日期等詳細狀況。

ⓖ 剪刀：採收或修剪用。

ⓗ 紗網：盛夏太陽太強烈時，可以蓋上紗網減弱陽光。冬天或風大時，可以用來保暖擋風。

ⓘ 枝條或細竹：適時的幫植株（例如：番茄、辣椒、茄子等）豎立可攀附支撐的枝條，有助於植株的成長。

ⓙ 手套：帶上手套不但可保持手部清潔，同時也可取代鏟子用來翻土、混土使用。

如何選擇種菜的容器大小？

栽種箱就像蔬菜的家，家太小會影響蔬菜發育生長，太大雖然無礙但會浪費空間，因此選擇大小適中的栽種箱就成為家庭種菜的首要之務。

▲生長期短的蔬菜，選用淺盆，反之亦然。

蔬菜種類決定栽種箱的大小

要使用多大多深的栽種箱得依植物來決定，我們可依栽種箱的大小（長×寬）、深度（高度、土深）來探討。

1 短期葉菜類（30天左右）

一般而言，短期葉菜類蔬菜（如小白菜、不結球萵苣、青江菜、芥藍菜等），生長期較短，約30～40天即可採收，因此根系生長範圍較小較淺，所以我們可選擇可容**土壤深度約12～15公分的栽種箱來栽種**。

至於栽種箱的大小，得視栽種環境而異，通常陽台面積較小，頂樓面積較大，可依實際環境去選擇栽種箱的大小，但是不宜小於15公分（或直徑）為佳。

2 中長期根莖瓜果結球類（50天以上）

根莖瓜果類蔬果，因生長時間較長，因此也需使用較深、較大的栽種箱來栽種，農場裡栽種的絲瓜、苦瓜，地下根長可達數公尺。家庭種菜的盆器較小，很難達到植物理想的需求，但是我們一樣能種出品質良好的蔬果。

A 50～90天生長期
（如：蘿蔔、高麗菜、茄子、小黃瓜、番茄等）

一般而言，栽種時間在50～90天左右的蔬果，我們會選擇大小至少40～45公分以上，土深30公分以上的栽種箱栽種。

B 90天以上生長期
（如：絲瓜、苦瓜等攀爬類）

生長期90天以上的瓜果類，需使用至少大小60公分，土深40公分以上的栽種箱。

製作一個排水通氣的栽種箱

選擇栽種箱時，還需注意排水及通氣等問題。家庭種菜常使用的盆器有花盆、保麗龍箱、收納箱、市售栽種箱等等，不論哪一種，都需考量土壤在栽種箱裡的通氣性與排水是否良好。

我們可以在栽種箱底部預先打幾個排水孔，以防止植株根部因土壤積水而爛根、缺氧。最好土壤裡有蚯蚓這個好鄰居幫忙翻土，不但可使土壤透氣，蚯蚓的排泄物（蚓糞）還是一種很昂貴的有機肥。

種菜也要好「風水」

蔬菜跟人一樣需要有好的「風水」環境。我們在找房子時常常會將風水考量進去，相同的，我們的菜園如果也能考量「風水」的問題，種的菜一定會有加分的效果。

減少四周雜物的堆放，保持菜園通風，可以促進植物進行呼吸作用，流通的空氣可以幫助蔬菜換氣，蔬菜就會長得健康，更可以降低病菌的產生。

新手栽種
第7課

新手種菜，播種好還是買苗好？

要開始種菜囉！可是新手種菜要先從播種開始，還是買苗來栽種呢？哪一種栽種方式的成功率比較高呢？

育苗培育法

蔬菜的成長從種子發芽到長3～4片葉子稱為幼苗期。菜苗就像小嬰兒一樣，出生之後需要特別的照顧，以確保不被外在的環境傷害。育苗最大的好處，就是能提供種子從發芽，到長大成幼苗期間適當的生長環境，進而培育出健壯的菜苗；若我們直接用培育好的菜苗來栽種，那麼就算是成功一半了。

除此之外，使用菜苗栽種也可以降低病蟲害的發生。短期生長的葉菜類蔬菜從種子播種，到成熟採收的時間大約25～30天，而育苗時間約10～12天，因此用培育好的菜苗栽種，只需再二星期左右就可以採收了。這也是為什麼每次颱風過後，菜價大約二星期就能回復正常的原因之一。

然而都市菜園通常面積小，菜苗的需求量也較小，若無法自行育苗，也可以向各地種苗行購買，短期葉菜類的菜苗每顆大約1～3元，瓜果類菜苗每顆約5～30元。

自己育苗STEP BY STEP

▲種子先浸泡溫水3～12小時（依各種子需求），可以殺菌並加速發芽的時間。

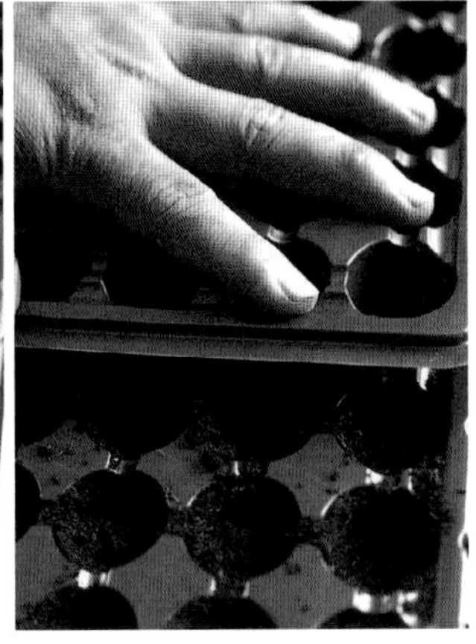

▲穴盤或盆器先放入培養土，並用另一個空的穴盤將土壓實。

▲種子泡水後瀝乾，再開始播種。約一穴放入1顆種子。

▲播種後，輕輕覆蓋上一層薄土。

▲澆水澆透，勿用太強的水力澆水，以免把種子給沖走了。

▲將穴盤或盆器移至陰涼處，等發芽長2片葉子後，再移到有陽光處。若是使用大型栽培箱因移動不便，可以在箱上覆蓋報紙，也具有相同的效果。

◀將幼苗移植到要栽種的盆器裡，栽種時的深度需求——以保持子葉在土上為基準，勿植太深。

挑選菜苗小撇步

菜苗要如何挑選呢？**只要符合以下三個重點，就是健康的菜苗！**

POINT 1 **菜苗兩片子葉完整無黃化**

POINT 2 **菜苗的莖幹要粗壯**

POINT 3 **菜苗的根系白者為佳**

菜苗哪裡買？

菜苗可以在一般傳統市場或種子行、花市等地，都可以買到菜苗。

直接播種法

直播，顧名思義就是將種子直接放在菜園土壤裡。直播的方法可分成**撒播**、**點播**、**條播**三種方法。

都市菜園栽種面積通常不大，建議使用點播的方式播種，成功機率較高。種子從播種到發芽期間需要充足的水分，置於陰涼昏暗的地方，種子也較易發芽。

A 撒播

適用蔬菜》 生長期較短的葉菜類蔬菜，如茼萵、A菜、小白菜等。

將種子均勻的撒在土上，撒播時不需要很精確的計算間距，待幼苗長到3～4片葉子時，再進行疏苗（過密的幼苗可先拔除食用）。每株至少保持約8～10公分左右的間距。

B 點播

適用蔬菜》 種子較大顆或生長期長（約三個月），如小番茄、白蘿蔔、紅蘿蔔等根莖、瓜果類蔬菜。

可用寶特瓶底，在土上輕壓出一個約0.5～1公分深的淺穴，每穴放入種子3～5顆，待長出3～4片葉子後，只需留下一株最強壯的幼苗繼續成長即可。

C 條播

適用蔬菜》 空心菜、豌豆等。

在土上劃一條約3公分寬、1公分深的淺溝，將種子沿淺溝播種，如此種植出來的菜就會排列整齊。條播的方式其實用點播及撒播也通用，目的只是讓蔬菜看起來較整齊。

保持種子濕潤

種子播種到發芽期間，要隨時保持種子的濕潤、環境陰涼、通風等條件，避免讓種子乾燥、缺水，易降低發芽率或可能就不會發芽了。

插枝栽種法

插枝即是扦插栽種法，有些植物的莖有節點，在節點的部位會長出根，這類的植物就適合用插枝的方式種植。

插枝

適用蔬菜》 地瓜葉、紅鳳菜、空心菜、皇宮菜。

長大成熟的植株，剪取幾段帶有莖節和3～5片葉子的莖（約15～20公分），稍微傾斜的插入土裡約10公分深，保持土壤濕潤，大約7～10天植株漸漸會長根，長根之後吸收土裡養分就會正常生長，這種栽培方式，很適合都市種菜。

扦插枝條小撇步

扦插是一種方便又快速的種植法，但是要如何挑選扦插的枝條及如何栽種呢？

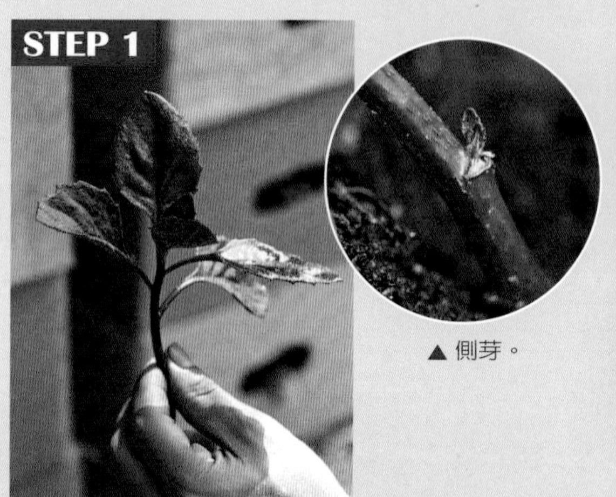

▲側芽。

▲挑選健康的植株，剪下健壯的枝條約15～20公分的長度，最好挑選有側芽的枝條來扦插，可以加速生長。

STEP 2

▲修剪三個節點以下的葉子，方便插入土裡。

▲微斜的插入土裡約10公分深。

▲扦插之後要澆水澆透。

▲扦插7～10天後，即會長根。

新手栽種
第8課

種菜一定要施肥嗎？

植物生長所需的營養要素被世界公認的共有16種，包括：碳、氫、氧、氮、磷、鉀、鈣、鎂、硫、鐵、銅、錳、鋅、硼、鉬、氯。其中**碳、氫、氧主要由空氣及水取得，平時保持土壤適量水分以及土壤通氣性**，其他13種元素依植物生長所需量來區分。

氮、磷、鉀
肥料三要素

氮、磷、鉀在植物生長期間需求量很大，因此土壤常常無法充分供給，需靠肥料來補充，所以又稱為肥料三要素。

1 氮，補充葉肥

「氮」是形成葉綠素的重要成分，可以加速蔬菜莖、葉的生長，所以對於**葉菜類的蔬菜**特別重要。然而氮有溶於水的特性，平時澆水、下雨就容易流失，因此除了基肥（底肥）之外，蔬菜生長期間適當的追肥也是必要的。

但是施用量過與不足都是有害的。氮肥過多會有葉大而軟弱的情形，蔬菜生長容易倒伏，而且抗病、抗蟲害的能力都會變弱；氮不足則葉子會生長不良，葉色變淡，所以必須觀察蔬菜實際生長狀況而定。

2 磷，補充果肥

「磷」是使果實肥大的重要元素，因此當我們栽種瓜果類植物時，磷肥就格外的重要。磷有個很重要的特性「不溶於水」，不同於氮、鉀溶於水，所以當我們種植**果菜類、根莖類的蔬菜時，可以選擇含磷成分較高的有機肥作為基肥**。

磷不足，除了影響果實的生長之外，根的生長也會受影響，並且抗病、耐寒能力也會降低，影響蔬果生長。

3 鉀，補充根肥

「鉀」肥又稱根肥，對**根莖類植物**來說特別的重要，例如蘿蔔、馬鈴薯、地瓜等，若鉀肥不足會影響其收獲。

鉀肥也會影響植物根的生長，一旦不足，除了影響蔬菜生長之外，同時也會降低蔬菜本身的抗病力與禦寒力；而鉀肥跟氮肥一樣有溶於水的特性，易因連日下雨而流失，因此除了基肥之外，適量的追肥也很重要。

4 鈣、鎂、硫，土壤含有的肥料

「鈣」在土壤中的含量尚豐，而「鎂」在酸性土壤中容易缺乏，可施用含鎂的有機肥補充；「硫」則是最足量的。

5 鐵、錳、鋅、銅、硼、鉬、氯，微量七要素

作物對此七要素需求甚微，但也不可缺乏，一般而言有機質含量高的土壤中，微量元素較不缺乏。多施有機肥可漸漸改善劣質土的土壤環境。

植物營養元素的缺乏症狀

成分	症　　狀	改善方法
氮N	• 植株生長緩慢，莖葉細小，果實變小。 • 由老葉開始變黃綠色再轉黃色而枯萎。 • 氮素過高造成果樹徒長，落果嚴重產量降低。	• 土壤Ph＞6.7，勿施用石灰，可減少氮肥的揮失。 • 施用肥分低的腐熟堆肥，如樹皮、落葉。
磷P	• 生育初期即可發現由老葉發生症狀。 • 葉片變小成暗綠色，或因花青素累積而略帶紫紅色，無光澤且生長緩慢。	• 施用有機質肥料，分解產生有機酸。 • 葉面噴施液態磷肥。 • 接種菌根菌及溶磷菌。
鉀K	植株生長緩慢，老葉葉緣及葉尖出現白色或黃色點，繼而壞死。	• 施肥有分多次追肥。 • 葉面噴施液態鉀肥。
鈣Ca	• 莖的先端或嫩葉呈現淡綠或白色，老葉仍為綠色，嚴重時生長點壞死。 • 嫩莖部分發生木質化。 • 根的尖端生長受阻。	• 酸性土壤施用農用石灰。 • 注意灌溉，補充水分。

鎂Mg	• 由老葉的葉脈間開始黃白化，但葉脈仍維持綠色。 • 易出現在果實附近的葉片。 • 果樹提早落葉。	• 酸性土壤施用農用石灰。 • 注意鉀肥及鈣肥的平衡。
鐵Fe	• 新葉葉脈間黃白化，但側脈仍為綠色。 • 新生葉片小型化，新芽生長緩慢甚至停止。	• 使用完全腐熟的有機質肥料。
錳Mn	• 由新葉開始發生症狀，葉小、萎縮。 • 葉脈維持綠色，葉脈間黃化略呈現透明。	• 使用完全腐熟的有機質肥料。
銅Cu	• 新葉及生長點黃化，生長受阻。 • 莖葉軟弱變青色，樹幹及果實分泌黏液。	• 使用完全腐熟的有機質肥料。
鋅Zn	• 新葉有黃斑、葉小症狀。	• 使用完全腐熟的有機質肥料。
硼B	• 新梢變形，頂芽枯死，生長點停止生長。 • 果實畸形，果皮變厚，種子發芽不全。	• 使用完全腐熟的有機質肥料。
鉬Mo	• 老葉葉脈黃化，葉面成斑狀黃化，嚴重時造成落葉。 • 葉面凹凸捲曲，成杯狀葉。	• 使用完全腐熟的有機質肥料。

五大重點，教你給對肥料

蔬菜要施多少肥，得視蔬菜種類、土壤及蔬菜生長狀況而定。掌握住五大重點，就能適時的給予蔬菜營養。

POINT 1 掌握施肥時間

有機肥屬於緩效性肥料，不易造成肥傷影響蔬菜生長，因此施肥可以把握「少量多次」的原則。

播種後大約7～10天施一次有機肥，一般短期葉菜類（約30天左右可採收）於播種前一星期多施有機肥當基肥，如此於生長期就不用再追加肥料，或視蔬菜生長狀況而適量追肥。

POINT 2 施肥後要覆土

取適量有機肥於葉下方（離莖部稍遠）的土壤中施用，施肥後最好以土覆蓋，避免太陽曝曬或引來小蟲。

POINT 3 施用有機肥

有機肥分為液態有機肥（液肥）、粉狀有機肥（粉肥）、粒狀有機肥（粒肥）三種。以蔬菜吸收速度來看，液肥吸收最快，其次粉肥，粒肥較慢。若以含肥量來看，粒肥最高，粉肥其次，液肥最低。三種肥料各有特性，家庭種菜可擇一或選二、三種輪流施用更好。

POINT 4 在土壤中拌入基肥

播種或移植前一星期左右，於土壤中施用有機肥並充分混合，可提供蔬菜初期所需的養分稱作「基肥」。種植果菜類、根莖類的蔬菜時，可以選擇含磷比例較高的有機肥作為基肥。

POINT 5 適時追肥

各種蔬果在不同的生長期中，常常需要補充額外的養分，來維持良好的生長狀況，補充額外的養分就叫做「追肥」。肥分需求大的蔬菜：高麗菜、空心菜、結頭菜、青花椰菜、青蒜。

在家堆肥，天然省錢又環保

在家堆肥除了可以做環保之外，對於家庭種菜還是一種免費的肥料，並且能改善土壤使土壤團粒化、增加排水性。若能學會堆肥，不但安全有趣，同時也能節省開支。

▲吃剩的果皮都是堆肥最好的原料。

利用廚餘就能自製肥料

只要是生物性（動物、植物）的材料一般都是可以用於堆肥的原料。但是居家堆肥較建議使用植物性材料來堆肥，平時較易取得的材料可利用落葉、果皮、菜葉、雜草等來做成堆肥。

無論是通氣式或密閉式堆肥，平時都要保持濕潤（可將土握在手心用力捏住，感覺有水快要滴出來的樣子）促使微生物繁殖；大約1個月後土表會有溫熱感，此乃熱發酵產生，此時可重覆堆肥步驟，持續將廚餘往上堆疊。夏天大約3～4個月，冷天大約5～6個月就可以完全腐熟使用了；一般居家堆肥建議使用通氣式堆肥方式較佳，因密閉式堆肥方式較容易產生惡臭異味。

自己堆肥 STEP BY STEP

1 通氣式堆肥（又稱「好氧堆肥」）

使用》 通氣度高的容器，如：麻布袋、市售通氣式堆肥桶
原理》 使廚餘等材料與空氣充分接觸
成果》 粉狀有機肥
菌種》 好氧菌
堆肥時間》 比較快，約3～4個月

▲準備一個通氣式堆肥箱，運用「三明治」的原理，先倒入一層薄土約3公分後鋪平。

▲再放入收集好的廚餘，鋪上約10～15公分。

▲在廚餘上均勻灑上「好氧菌」，再用土將廚餘完全覆蓋住約3公分厚。

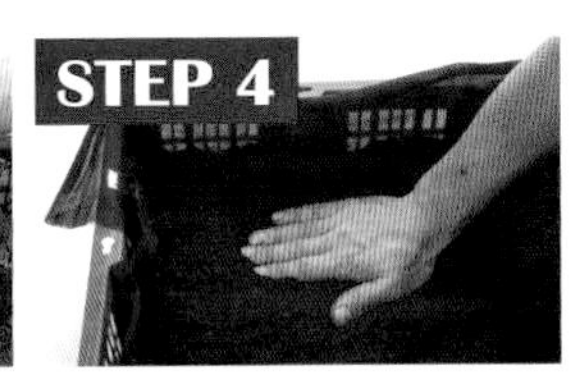

▲土稍微壓實，然後澆水；大約3～4個月後即可使用。

2 密閉式堆肥（又稱「厭氧堆肥」）

使用》 市售密閉式堆肥桶
原理》 隔絕外界空氣
成果》 以液肥為主，最後產生濕潤的有機肥
菌種》 厭氧菌
堆肥時間》 較慢，約4～5個月

▲於市售廚餘桶底層先覆蓋上一層土，然後鋪平。

▲放進廚餘約10公分。

▲在廚餘表面上均勻的灑上「厭氧菌」。

▲以土覆蓋住廚餘約3公分。

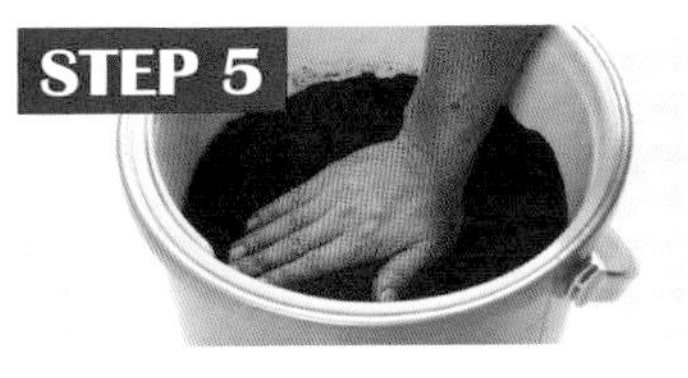

▲用手稍微壓實後再澆水，只要保持濕潤即可。

▲蓋上蓋子前最好可以先覆上一層保鮮膜或棉布，使其緊密度更佳。

如何對抗病蟲害？

家庭種菜當然要栽培有機蔬菜，但有機蔬菜最棘手的問題就是病蟲害，因不施灑農藥，所以一旦發生病蟲害往往一發不可收拾。不過，我們還是可以透過一些簡單的方法將危害降低。

▲蟲會吃的菜，才是安全的蔬菜。

做好防治工作 杜絕病蟲害

只要平時種植時稍加注意以下需求，就能大大降低病蟲害的發生。

1 **注意環境衛生**，清除雜草、病株，減少病源繁殖的機會。

2 **利用農用石灰粉**，調整土壤Ph值在5.5～6.5之間，以提供有益微生物生長環境。

3 **採收後翻土**、曝曬太陽可以殺菌、消滅病蟲害。

4 **栽種當季作物**，可避開病源侵害時間。

5 **保持良好的通風環境**，避免蔬菜生長過密。

6 **採用輪作**的栽培方式。

利用輪作，減少病害

植物的栽培方式有連作、輪作和間作等三種形式，栽種方式不同，也會影響病蟲害的產生。

1 連作

連作是指在同一土壤，持續種植單一或同科屬的植物。連作易引起土壤養分不平衡，誘發微生物相改變及土壤病蟲害或有毒物質之積聚。目前已知**連作是許多病害發生的原因之一**，例如番茄青枯病、芹菜萎凋病等。

2 輪作

輪作是指在同一土壤，有計劃的輪流種植不同品種或不同科屬植物的種植方法。目的是防治病蟲害和雜草叢生，並改善土壤肥力和有機質含量。

輪作是防治病蟲害的最佳方式，以淺根性與深根性輪作、根莖類與葉菜類輪作、十字花科與非十字花科輪作、胡蘆科及茄科與蔥、薑、蒜、韭輪作等。

3 間作

間作是於同一生長季節，將兩種作物交互栽培於同一土壤的栽種方式；或在主要作物兩旁栽種其他作物。可以減少病原和害蟲攻擊主要作物的機率，分攤病蟲害的效應。

若家庭種菜，栽種箱有足夠的空間施以間作（混作）栽種，要注意植株的成長高度落差，避免植株高的蔬果（如：辣椒、青椒等）檔住陽光，造成較矮小的蔬菜無法得到充足的日照。還要**避免混種同科屬的蔬菜**，如：同是茄科的辣椒或青椒。

利用小資材，消除蟲害

除了事先的預防，一旦遇上蟲害，我們還可以利用一些園藝資材來防治：

1 捕殺

使用黃色黏蟲板捕殺，較安全衛生。

▲黃色黏蟲板。

2 遮蔽

瓜果類可套袋防止果蠅叮咬所產生的病害，或自製網子做成簡易網室，隔絕蟲害。

▲套袋防止果蠅叮咬。

3 除草

可用黑色雜草抑制蓆或乾稻草將表土覆蓋，降低雜草的生命力，待採收後再一併將雜草除去。

4 蘇力菌

蘇力菌是一種胃毒劑，對小菜蛾、毛蟲有效，屬於有機栽培可使用的安全微生物，大多使用於栽種十字花科作物上。

5 天然驅蟲防病劑

自製天然驅蟲防病劑，如辣椒水。也可直接向園藝資材行購買如木酢液、苦楝油、木黴菌等天然驅蟲防病劑。

自製天然驅蟲劑

利用薄荷、辣椒、大蒜等具特殊氣味的材料，自製成驅蟲劑，可以有效趕走蟲害；或是將兩種材料混合使用，例如辣椒液＋大蒜汁對於驅離毛蟲有不錯的效果。

▲準備適量的辣椒及大蒜。

▲放入果汁機中攪拌打碎。

▲可適時加入一些水，讓攪拌過程更順利；水不要加太多，以免稀釋驅蟲效果。

▲大蒜辣椒水用濾網濾過殘渣。

▲將大蒜辣椒水裝瓶，直接噴灑於菜葉上使用即可。

TIPS 驅蟲劑建議製作後盡速使用完，不要放置太久以免降低使用效果。

現在市面上銷售的驅蟲液如辣椒水、木酢液、苦楝油、釀造醋等，只要再加水稀釋即可方便使用，對於一些病蟲的防治都有一定的效果。

辣椒水 可防治蚜蟲類、蜘蛛、螞蟻、鉗紋病。

大蒜汁 可治螞蟻、蚜蟲。

釀造醋 以1/4瓶工研醋浸泡大蒜，可防治蚜蟲、螞蟻；以1/5瓶工研醋浸泡辣椒，可防治蚜蟲、螞蟻、甲蟲類、紋白蝶。

木酢液 由乾餾稻穀與闊葉樹枝取得汁液，稀釋100～200倍使用。可防治蚜蟲類、白粉病、露菌病、立枯病。

樟腦油 對害蟲有效，避免濃度太高及次數過多。

苦楝油 可防治蚜蟲及夜蛾。

薄荷水 可防蟻、蚜蟲、蛾類。

菸葉水 可防治蚜蟲、蝸牛、浮塵子、薊馬、潛葉蠅、線蟲。

酒精水 稀釋50～400倍，可防治蚜蟲、介殼蟲、薊馬、白粉病等。

常見病蟲害及防治方法

栽種過程	成長天數	常見病蟲害	防治方法
栽種前	0～10天	黑腐病	以溫水浸泡種子，進行種子消毒。
		黃條葉蚤蟲	與十字花科蔬菜輪作。
			播種前可將土淹水3～5日把蟲卵淹死，或把土攤開在陽光下曝曬。
		切根蟲	播種前可將土淹水3～5日把蟲卵淹死，或把土攤開在陽光下曝曬。
		立枯病	實施輪作，如：十字花科與非十字花科輪作。
			定期淹水，降低感染源。
生長期	10～40天	斜紋夜蛾	性費洛蒙誘蟲盒。
			隨時摘除卵塊。
		黃條葉蚤蟲	黃色黏蟲板。
		小菜蛾	蘇力菌。
			黃色黏蟲板。
		銀葉粉蝨	黃色黏蟲板。
		露菌病	避免氮肥施用過多，保持通風。
			避免葉面潮濕。

十字花科類蔬菜常見的青蟲。▶

Part

根莖瓜豆果類

栽種步驟大圖解

根莖、瓜、豆、果類蔬菜需要中長期的種植，

辛苦孕育栽培下，更能享受甜美的果實。

你準備好了嗎？

一起Step by Step樂活栽！

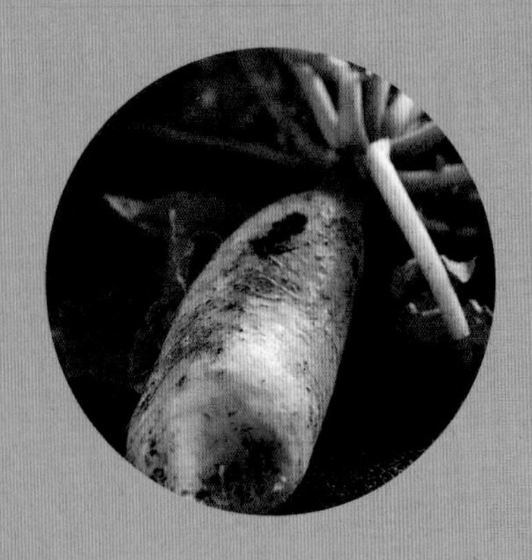

白蘿蔔

white radish

一年生草本

英名》 white radish

別名》 菜頭、蘿白、白蘿卜、萊菔

科名》 十字花科

栽種難易度》 ★★

栽種月份表

1月	2月	3月	4月	5月	6月	7月	8月	9月	10月	11月	12月
■	■	■	■					■	■	■	■

栽種▶9月～翌年4月

疏苗▶栽種後14天

追肥▶栽種後14天

採收▶栽種後80～100天

特徵

- 白蘿蔔俗稱「菜頭」，根是主要的食用部位，**含有大量澱粉酶，可幫助消化。**除了烹調，它還可以製作成菜脯乾等醬菜，經濟價值甚高。而菜頭粿更是最具代表性的傳統小吃。
- 白蘿蔔的根「深」長於土中，至少要耕作30公分的深度，避免施過多基肥，並且撿除土裡的硬塊或石頭，如此可栽培品質較優的白蘿蔔。
- 白蘿蔔的**葉子含有豐富的維他命A及維他命C**。
- 「菜頭」與「彩頭」發音相近，常被用來當作吉祥的禮物贈送，尤其是商店開幕更可以象徵「好彩頭」的吉祥之意。

綠手指小百科

播種	春、秋季（9月～翌年4月）。
疏苗	栽種後14天（4～5片葉子），即可疏苗。
追肥	栽種後14天（4～5片葉子），施以有機肥，以後每10～14天追肥一次。
日照	日照要充足。
水分	保持土壤濕潤，排水性佳。
繁殖	點播種子。
採收	栽種後80～90天（春菜頭）；90～100天（秋菜頭）。
食用	根。

栽種步驟 STEP BY STEP ▸▸▸

1 取種子先浸泡

取適量的白蘿蔔種子預先浸泡6小時。家庭種植白蘿蔔需要準備深一點的容器，至少要30～40公分深，預留白蘿蔔的生長空間。

2 點播種子

種子瀝乾後準備播種。在土壤上用手指挖出一個洞穴，深度約1公分，放入2～3顆種子，每一個穴的間距約20公分。

▲植株的間距約20公分。

3 覆土並澆水

放入種子後輕輕覆上一層約1公分厚的薄土，並澆水至澆透。

4 發芽

約5~7天會長出子葉。

5 疏苗

大約14天後，每一叢選擇一株健壯的幼苗留下即可，摘除的苗不建議再另外移植栽種，避免根系受損，日後發育不健全。

▲兩棵植株過密，需疏苗。

▲進行疏苗。

6 追肥

因十字花科較容易有蟲害，生長期要防治蟲害的狀況發生。另外，白蘿蔔種植前基肥不要放太多，容易造成根莖成長時裂開，每10～14天追肥一次即可。

▲約50天左右可以看到小小的白蘿蔔頭露出土面。

7 採收

播種後約80～100天，就可以準備採收白蘿蔔了。

QA大哉問

Q1 白蘿蔔容易有蟲害嗎？要如何防治？

A1 白蘿蔔常見蟲害有：青蟲、白紋蝶、黃條葉蚤蟲等，可用含有蛋白質成分的蘇力菌來治蟲，它是一種安全的藥劑，有機農藥可使用。但是白蘿蔔我們非食用葉子，因此只要蟲害不是很嚴重，土裡的白蘿蔔還是可以長的很好的。

Q2 如何知道白蘿蔔已經可以採收了？

A2 可以用手輕撥一下土，用手觸摸部分根莖的表面，如果光滑表示可以採收了；若摸起來表面粗糙，有可能代表已經太老，會造成空心狀況。

◀播種後80～100天，可以採收蘿蔔了。

排除石頭 避免蘿蔔畸型

若採用一般土種植白蘿蔔，一定要在種植前先排除土壤裡較大顆的石頭（大於拾圓硬幣的石頭），避免白蘿蔔根莖在生長時受到阻礙造成畸型。

另外，在冬季寒流來襲時，要記得防風，避免影響發育生長。

櫻桃蘿蔔

Raphanus cativus

一年生草本

英名》 Raphanus cativus

別名》 紅姬櫻、迷你蘿蔔

科名》 十字花科

栽種難易度》 ★

栽種月份表

1月	2月	3月	4月	5月	6月	7月	8月	9月	10月	11月	12月

栽種▶1～12月

疏苗▶10天

追肥▶12天

採收▶30～40天

特徵

- 與白蘿蔔同屬十字花科的櫻桃蘿蔔，體型卻差很多，白蘿蔔可達數公斤，而櫻桃蘿蔔卻只有幾公克重。
- 櫻桃蘿蔔是歐美各地最常見的蘿蔔，植株高約25公分，地下有肥大的直根，大小如櫻桃般，因而得名；體積小，醃漬或鮮食均可。
- 因為櫻桃蘿蔔屬於直根性植物，所以栽種時最好採用直播，不要預先育苗，避免移植時過度的移動而導致地下莖不肥大。

綠手指小百科

播種	全年皆可栽種，春秋尤佳。
疏苗	播種後約10天第一次疏苗；約4～5片葉子時，視狀況進行第二次疏苗。
追肥	播種後12天（約4～5片葉子），施一次有機肥。
日照	日照充足。
水分	保持土壤濕潤及排水性良好。
繁殖	點播種子。
採收	播種後30～40天即可採收。
食用	根。

栽種步驟 STEP BY STEP ▸▸▸

1 種子先浸泡

櫻桃蘿蔔的種子要先泡水，約4～5個小時後再瀝乾水份，準備播種。

2 點播種子

以點播方式播種櫻桃蘿蔔的種子。先在土壤上挖出一小洞穴，每一穴內放置3顆左右的種子，每顆種子的間距約1公分。

▲植株的間距約一個成人拳頭寬度。

3 覆土並澆水

播種後，再輕輕覆上一層薄土，並澆水澆透。

4 發芽後適時疏苗

大約3天後，就冒出小綠芽了。播種後約10天左右進行疏苗，只要保留一株莖粗健壯的幼苗，讓它繼續成長即可。

5 生長期可追肥

約12天左右就可以在莖的周圍灑上有機肥，20天後再追肥一次即可。

6 成長

櫻桃蘿蔔生長速度快，大約20天，就會露出紅紅的蘿蔔頭。

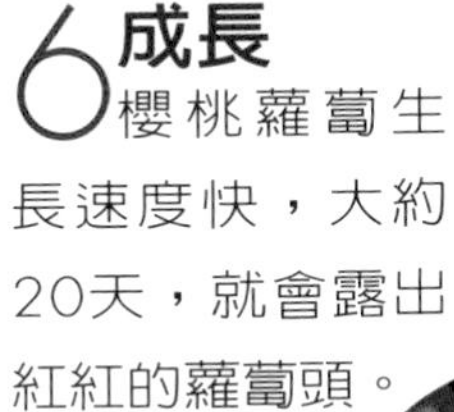

7 採收

播種後約30～40天，就可以採收可愛的櫻桃蘿蔔了。

QA大哉問

Q1 為何我種的櫻桃蘿蔔只長葉子？

A1 櫻桃蘿蔔雖然四季都可栽種，但是夏季長期高溫易使櫻桃蘿蔔只長莖葉，而地下根莖部卻不長大，此時可延長栽種時間至40天左右。

Q2 為什麼我種的櫻桃蘿蔔根莖部位，表皮會先裂開，然後裡面的組織才開始膨脹，這算正常嗎？

A2 蘿蔔最好保持穩定的濕度，尤其是膨大期若忽濕忽乾的，根莖部位就會很容易裂開。

甜菜根

Beet Root

一、二年生草本

英名》Beet Root

別名》紅菜頭、火焰菜、根忝菜

科名》藜科

栽種難易度》★

栽種月份表

1月	2月	3月	4月	5月	6月	7月	8月	9月	10月	11月	12月

栽種▶9月～翌年3月

疏苗▶栽種後12～15天

追肥▶栽種後15天

採收▶栽種後60～80天

特徵 ▸▸▸

- 近年養生書籍的推薦，使得原本只有零星栽培的甜菜根，突然變成炙手可熱的生機飲食材料，由於**抗病力強**，因此也**是家庭種菜的重要成員之一**。
- 甜菜根性喜冷涼，高溫下塊根不易肥大，生長會變得緩慢；最適合的溫度約為15～22℃之間。
- 在歐美地區是製造糖及有機色料的主要來源之一，運用在有機食品、有機化妝品、人體造血等醫學上都有很大的用處。由於被廣泛運用在紅色染料上，因此喝完甜菜汁之後的尿液也會變紅，可別大驚小怪！

綠手指小百科

播種	秋、冬、春季（9月～翌年3月）。
疏苗	葉長至4片時可疏苗，約播種後12～15天。
追肥	疏苗後即可施肥，之後約35天結球時再追一次有機肥。
日照	全日照。喜好冷涼，超過32℃以上成長較不良。
水分	水分需求大，但介質乾了再澆水。
繁殖	點播種子。
採收	播種後60～80天即可採收。
食用	根莖、葉。

栽種步驟 STEP BY STEP ▸▸▸

1 取種子
取適量甜菜根種子。

2 點播種子
以點播方式播種，於每穴中播入3顆種子，穴與穴的間距需25公分以上。也可以於穴盤中育苗後再移植。

3 覆土並澆水
播種後再輕覆上一層土，因甜菜根的種子略有嫌光性，所以覆土約1公分的厚度。

4 疏苗
播種後約3～7天，種子就開始萌芽。生長15天～25天可從一穴中保留一棵最健壯的幼苗。

◀播種後約3～7天發芽樣貌。

5 施肥
疏苗後即可施肥，之後約35天結球時再追一次有機肥。

▲植株生長過密，需進行疏苗。

6 成長

15～35天陸續長出新葉，待35～60天（約8～10片葉子）時，基部開始長大膨脹。

▲生長期間，雜草要拔除。

7 採收

65～80天後，大約長至一個成人拳頭大小，就可以陸續採收了。如果吃食不了太多，可以先留在土裡，讓其繼續生長約一個月也沒關係，不會造成老化。採收期間要注意水分不能給太多，以免造成裂根。

QA大哉問

Q1 甜菜根如何食用？

A1 甜菜根是最近生機飲食非常夯的食材，根據研究它含有抗癌的成分，可以連皮洗淨打成果汁喝；也可以使用於沙拉或涼拌、煮湯、醃漬。嫩葉也可以取來用麻油清炒或煮湯食用。

Q2 甜菜根在照顧上要注意什麼呢？

A2 甜菜根其實少有蟲害，但要留意蝸牛、蛞蝓等軟體動物或者鳥害，可以架高防治。在生長期間也不要給予太多水分，以免造成爛根，若葉緣呈現黑褐色水浸狀，就表示水澆太多，這時候就要停止澆水。

結頭菜
Kohlrabi

一年生草本

英名》Kohlrabi

別名》大頭菜、球莖甘藍

科名》十字花科

栽種難易度》★★

栽種月份表

1月	2月	3月	4月	5月	6月	7月	8月	9月	10月	11月	12月

栽種▶9月～翌年3月

疏苗▶栽種後10～14天

追肥▶栽種後20天

採收▶栽種後60～70天

特徵

- 結頭菜俗稱「大頭菜」，因其肥大的莖而得名。
- **結頭菜性喜冷涼，春、秋兩季最適合播種。**夏天高溫時，肉質易產生纖維化現象，平時採收時要觀察有無裂球的現象，一旦延遲就易產生裂球而影響品質。
- 生長期間要注意追肥周期，最好固定7～10天追肥一次，以免生長時期肥分吸收不均的現象產生。

綠手指小百科

播種	春、秋季（9月～翌年3月）。
疏苗	播種後10～14天（4～6片葉子）。
追肥	播種後20天，因肥分需求大不能斷肥，最好每7～10天追肥約3～4次，或以少量多次的方式施肥；採收前一週不施肥。
日照	日照充足。
水分	保持土壤濕潤。
繁殖	點播種子或育苗，育苗可節省播種時間。
採收	大約60～70天即可採收。
食用	結球。

栽種步驟 STEP BY STEP ▸▸▸

1 選擇播種或育苗

結頭菜可以使用點播種子或育苗栽種二種方式。一般市售結頭菜種子有二種顏色，一種是帶有殺菌劑的綠色，及不含化學藥劑的原色種子。建議盡量選購原色無殺菌劑的種子。

2 栽種方式

▲播種後覆土澆水。

A 點播種子

若直接以點播種子方式種植，先以寶特瓶底於土上壓出凹穴，一處凹穴置入約2～3顆結頭菜的種子，種子間距約1公分；穴與穴之間距約20～30公分。播種後要覆上一層薄土再澆水。

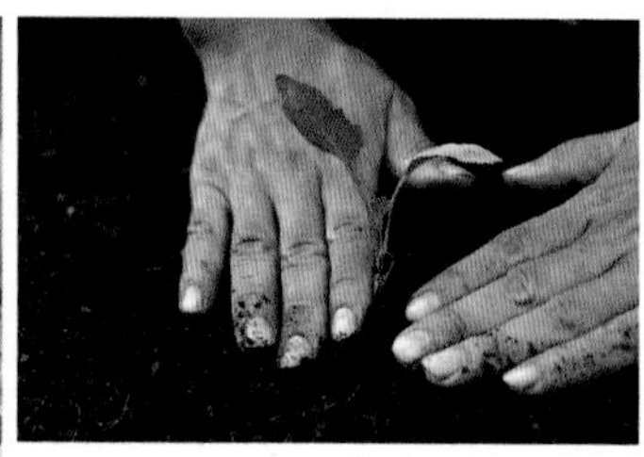

B 育苗

在每一穴盤中置入一顆種子後覆土澆水，放置陰涼處。待發芽後長至約6～7葉時，再移入栽培器裡繼續種植；苗與苗的間距約20～30公分。

▲苗與苗的間距約20～30公分。

3 疏苗

10～14天後，生長約4～6片葉時可進行疏苗，每一叢只要留下一株健壯的幼苗即可。

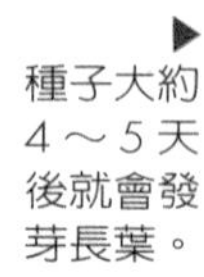

▶種子大約4～5天後就會發芽長葉。

▲疏苗前。

▲疏苗後。

4 追肥

移植育苗後，施以有機粒肥，之後每7～10天之後再追肥約3～4次；採收前一週不施肥。

▲結頭菜生長25天。

▲結頭菜生長25天。

▲結頭菜生長50天。

▶結頭菜生長55天。家庭陽台若陽光較不足，會影響成株結球較小。

QA大哉問

Q1 我的結頭菜好像生病了？還能採收食用嗎？

A1 十字花科的蟲害多，盡可能保持結球的乾燥，澆水澆在土壤上勿直接澆在結球上，可降低病蟲害的產生。若病蟲害不嚴重，還是可以採收食用。

▲生病的結頭菜，產生一些斑點。

Q2 要怎麼知道結頭菜已經可以採收了呢？

A2 一般若結球表面有裂開的情況，表示結球已經開始老化，而且結球裂開容易有病蟲害，所以最好在尚未裂開之前就採收下來。但如何從結球的大小判斷是否能採收，需視其品種而定。

小黃瓜

Cucumber

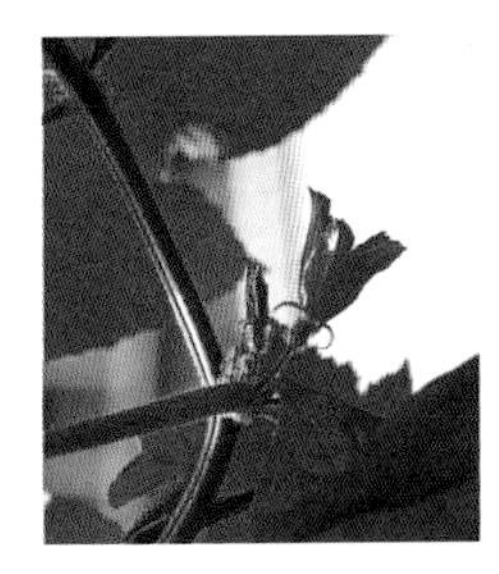

一年生蔓性草本

英名》Cucumber

別名》刺瓜、胡瓜、花瓜

科名》葫蘆科

栽種難易度》★★

栽種月份表

1月	2月	3月	4月	5月	6月	7月	8月	9月	10月	11月	12月

栽種▶1～6月

疏苗▶栽種後18天

追肥▶栽種後20天

採收▶栽種後40～50天

特徵

- 小黃瓜果實表面有凸起的小刺，因此又叫「刺瓜」。小黃瓜的果實生長快速，通常會在一天之內就有明顯的變化，因此必須注意採收的時間不可太晚。
- 小黃瓜所含纖維素，能促進腸道對腐敗食物和有害物質的排泄，**抑制脂肪和膽固醇的吸收**，因此**有降低血液中脂質和膽固醇的作用**。
- 小黃瓜含有大量維他命C具有美白功用，豐富的維他命E則能**防止肌膚老化**，常吃可以淨化血液養顏美容。

綠手指小百科

播種	適合於1～6月栽種。
疏苗	播種後18天可疏苗。
追肥	播種後約20天施有機肥，之後每10天追肥一次。
日照	日照須充足。
水分	必須保持土壤的濕潤以及排水良好。
繁殖	點播種子。
採收	播種後約40～50天可採收，可陸續採收30～50天。
食用	果實。

栽種步驟 STEP BY STEP ▸▸▸

1 浸泡種子

小黃瓜的種子需先泡水8～12小時，以利縮短種子發芽所需的時間。

2 點播種子

利用寶特瓶瓶底，在土壤輕壓出約1公分深度的凹穴，再放入2～3顆種子，每顆種子間距約1公分。

3 覆土並澆水

輕覆上約1公分厚的土並澆水，從播種到發芽期間，要隨時保持土壤濕潤，避免過度乾燥或排水不良。土壤過度乾燥會影響生長。

4 疏苗

播種後約5～7天，種子就開始萌芽了。約第18天長至5～6片葉時，可以進行間拔疏苗，留下一顆節點間距較短的苗即可。

▲發芽後要移到太陽光下照射，否則易產生徒長現象。

5 追肥立支架

等藤蔓生長約15公分，就需要用支架支撐並使用繩子繫住以供藤蔓攀爬。約20天開始施有機肥，輕撒在莖部四周後再以土覆蓋，之後每10天再追肥一次。

立支架讓藤蔓攀爬。▶

6 開花

大約35天後，慢慢開出花朵。此時若無蜜蜂幫忙，可利用軟刷毛或小毛筆，將雄蕊花粉沾上雌花蕊，進行人工授粉。

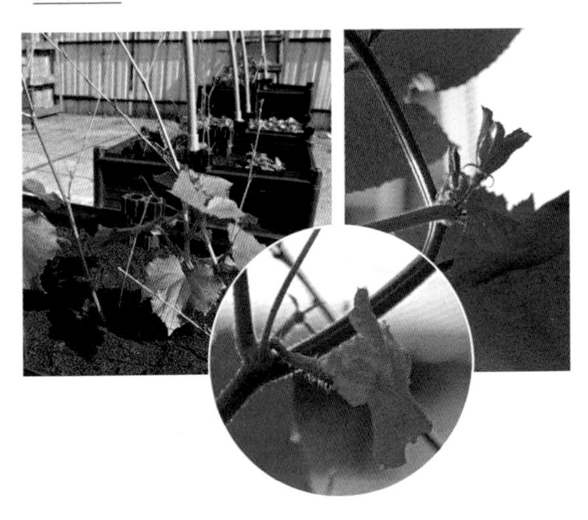

7 採收

授粉成功後約7～10天左右，就可以採收小黃瓜了。

QA大哉問

Q1 為什麼小黃瓜的根常常跑出土外？需要處理嗎？

A1 小黃瓜屬於淺根性植物，種植的土壤不用太深，但是面積要廣，至少要30×30公分的種植面積。若根系露出土面最好適時的補土覆蓋，以免日曬或施肥時造成根系的傷害。

Q2 市面上販售的小黃瓜有直挺有彎曲的，在挑選上有什麼差別嗎？

A2 一般的小黃瓜最好挑選直挺一點的，小黃瓜之所以會彎曲，是因為肥份不足或不均所影響。

Q3 小黃瓜明明是綠色的，為什麼叫小「黃」瓜？

A3 因為小黃瓜的果色在成熟後會轉變成黃色，因此稱為「小黃瓜」。

小黃瓜容易有白粉病及炭疽病產生，防治的方式除了保持植株間的通風外，在澆水時也要特別注意不要直接澆在葉上。可自行噴灑木酢液，若病情嚴重則要請教農業專業人員噴藥處理。

青椒（甜椒）

Sweet pepper

一年生或多年生草本

英名》Sweet pepper

別名》甜椒、番椒

科名》茄科

栽種難易度》★★★

栽種月份表

1月	2月	3月	4月	5月	6月	7月	8月	9月	10月	11月	12月

栽種▶1～6月

疏苗▶栽種後20天

追肥▶栽種後14天

採收▶栽種後50天

特徵▸▸▸

- 青椒植株高約40～60公分，與辣椒統稱為「番椒」。味甜而不辣，生吃、炒食均可。
- 青椒的**收穫期很長，可達5～6個月之久**，若家庭栽種3～4株青椒，便可常常吃到健康又營養的青椒。
- 青椒富含維他命A、K，且含鐵質豐富，有助於造血。其所含的維他命B較番茄多，而所含的維他命C又比檸檬多。維他命A、C都可增強身體抵抗力、防止中暑、促進復原力，所以夏天可多食用青椒，**促進脂肪的新陳代謝**，避免膽固醇附著於血管，能預防動脈硬化、高血壓、糖尿病等症狀。
- 青椒含有**促進毛髮、指甲生長的矽元素**，常吃能強化指甲及滋養髮根，且對人體的淚腺和汗腺產生淨化作用。

綠手指小百科

播種	春季最佳，可於1月～6月栽種。
疏苗	播種後第20天（4～5片葉子）可進行疏苗。
追肥	播種後第14天追一次有機肥。
日照	日照要充足。
水分	介質乾再澆水。
繁殖	點播種子。
採收	播種後約50天即可採收。
食用	果實。

栽種步驟 STEP BY STEP ▸▸▸

1 種子先泡水

取適量的種子，於種植前泡水8～12小時。

2 點播種子

以點播的方式播種，每一點放入3顆的青椒種子，種子間距約1公分；每點的間距約30公分。

3 覆土並澆水

放入種子後輕輕覆上一層約1公分的薄土，並澆水至澆透，至發芽前要保持土壤的濕潤度。

4 追肥

大約4～5天後，就開始冒出小綠芽。待14天後追肥，將有機肥輕灑在植株的四周，避免蹭到根莖以免造成肥傷，施肥後以薄土覆蓋更佳。

5 疏苗

20天後疏苗，淘汰子葉已黃化的幼苗，選擇留下一株莖粗健壯的幼苗即可。

6 成長開花

青椒播種後約35～45天會開出第一朵花。

7 準備採收

開花二週後開始結果，即可採收。

QA大哉問

Q1 為什麼我的青椒都不結果？

A1 通常會開花結果的蔬果，都需要充足日照量。此外，夏季異常高溫也會影響結果率。

Q2 為什麼我種植的青椒，還不到成熟期果實就掉下來了？

A2 這種情況稱為「落果」。 除了病害之外，其它原因有可能是因為肥分不足或太過，或者是長期處於高溫的生長環境，都很容易造成落果的現象產生。

你一定要知道的 種菜小常識

茄科蔬菜不能連作

茄科的作物絕對不可以與其它茄科植物連作或輪作，如青椒、茄子、番茄、秋葵等作物。須隔3～5年以上，否則易產生病害，也會降低產量及品質。

豌豆

Garden pea

一、二年蔓性草本
英名》 Garden pea
別名》 荷蘭豆 、荷蓮豆
科名》 豆科
栽種難易度》 ★★★

栽種月份表

1月	2月	3月	4月	5月	6月	7月	8月	9月	10月	11月	12月

栽種▶10月～翌年3月
追肥▶栽種後20天
採收▶栽種後45～50天

特徵

- 豌豆亦稱「荷蘭豆」，荷蘭人統治台灣時傳入因而得名。
- 豌豆植株分為高性、矮性，莖有捲鬚，花色有白色、粉紅色、紫色，當花盛開時看起來非常嬌嫩柔和。
- 豌豆的莖、葉常常被當作休耕後的綠肥，其地下根部有根瘤菌，能有效固定空氣中的氮素，然後翻土，有促進土壤肥沃的功能。

綠手指小百科

播種：秋、冬、春季（10月～翌年3月）播種，以秋季最佳。
疏苗：無。
追肥：肥分需求大，20天後追肥，之後每10天再追肥一次，盡量多次少量。
日照：全日照，日照要充足。
水分：排水良好，介質乾再澆水。
繁殖：點播。
採收：45～50天即可採收，可連續採收至少40天（視植物生長狀態）。
食用：果實。

栽種步驟 STEP BY STEP ▸▸▸

1 浸泡種子

取適量的豌豆種子。播種前一天要事先泡水8～12小時。

2 點播種子

播種前要先將泡水的種子瀝乾。以點播的方式播種，每一點放入1顆的豌豆種子。每顆種子的間距約為20公分。

3 覆土並澆水

放入種子後輕輕覆上一層薄土，並澆水至澆透。

4 發芽

大約3～5天後，就會發芽。

▼豌豆生長第7天。

▲生長過密需疏苗。

5 疏苗

若植株生長過密，仍需疏苗，最適當間距至少要20公分以上。

6 追肥

豌豆肥分需求大，20天後要追肥，之後每10天再追肥一次，盡量多次少量。約20天後，豌豆苗生長高約15～20公分的高度時，就要開始立支架，以防植株傾倒。

7 採收

開花過後再約20天就可以採收了。

▲約35天後，開始開花了。

QA大哉問

Q1 為什麼老一輩會流傳「豌豆怕鬼」這句話呢？是什麼意思？

A1 確實有此一說。是因為種植經驗結果，單獨種植一株豌豆並不會長得很好，必須把豌豆用條播的方式種植，或者是種植時讓植株的間距密一點，長的才會好，也因此才有「豌豆怕鬼」一說。

Q2 豌豆的種子可以拿來種豌豆苗嗎？如何種呢？

A2 可以的。先將豌豆的種子洗淨，泡水一個晚上的時間，將浮在水面上的種子挑掉，水倒掉後平鋪在有孔的盤上，下層再放置水盤，蓋上乾淨的濕布或蓋子，放置陰涼處保持種子潮濕，使其自然發芽；待幼苗長至8公分左右可以移至光亮處（但不能讓陽光直射）；可繼續水耕或移植至栽種容器土耕，約10~12天就可以採收了，一般來說土耕的口感較佳。

番茄

Tomato

一、二年生蔓性草本

英名》Tomato,Love apple

別名》番椒、甘仔蜜、洋柿子

科名》茄科

栽種難易度》★★★★

栽種月份表

1月	2月	3月	4月	5月	6月	7月	8月	9月	10月	11月	12月

栽種▶1～12月

疏苗▶栽種後14天

追肥▶栽種後20天

採收▶栽種後60天

特徵

- 番茄是蔬菜同時也是水果，於日據時代由日本引進台灣。
- 番茄品種繁多，**口味酸甜富含番茄紅素**，是大眾化的**抗癌聖品**。烹調方式多樣，生食、煮食、加工品等在日常生活中常常見到。
- 番茄喜歡溫暖乾燥，日夜溫差大的氣候，有助於花芽的分化而增加產量。**日照需充足（日照約12小時）**，日照不足開花結果會不良，也容易造成落花枯萎的現象。

綠手指小百科

播種：以春、秋季播種為佳。因番茄品種多，所以每季皆有適合播種的品種。

疏苗：若以播種栽植，約14天後疏苗，保留一棵健壯的幼苗。

追肥：20天後，之後每7～10天再追肥一次。

日照：全日照，日照充足並通風良好。

水分：保持土壤濕潤及排水性良好。

繁殖：點播種子或育苗。建議用育苗方式，可節省播種時間。

採收：大約60天即可採收，可連續採收一個月以上。

食用：果實。

栽種步驟 STEP BY STEP ▸▸▸

1 選擇播種或育苗

新手建議可以先育苗後再移入栽培器中種植，或直接買番茄苗來栽種。播種前種子先泡水6～8小時，有助於縮短發芽時間。

2 栽種方式

▼約4～5天就會開始發芽。

A 點播播種

以寶特瓶蓋於土上壓出凹洞，一處凹洞置入約2顆種子，種子之間距約20公分以上。播種後要覆土並澆水澆透。

B 穴盤育苗

先在穴盤中置入1顆種子後覆土澆水，放置陰涼處。待長到約6～7葉時，再移入栽培容器裡繼續種植（定植）。

3 追肥

成長後番茄長至約15公分高時，最好立支架扶植，並用魔帶或麻繩綁於支架上，避免風吹。大約20天後可以開始施肥，之後每7～10天再追肥一次。

4 成長

生長期間可鋪上乾稻草，能有效抑制雜草生長，並且保持土壤濕潤。

5 開花後結果

番茄生長約40天後，會開出第一朵花，開完花後就會陸續結果。

6 採收

45～50天即可採收，在採收時最好以剪刀剪取，才能避免植物傷口感染；也盡量選擇在乾燥的天氣採收，避免潮濕易感染病菌。

QA大哉問

Q1 番茄的葉子為什麼會捲捲皺皺的呢？

A1 番茄的葉子捲皺表示已有蟲害，番茄容易有粉介殼蟲，可以把蟲用手抓除丟棄，並將病葉直接剪除，千萬不要用手摘葉，這樣會造成植物的莖部傷口受傷。

Q2 什麼是番茄嫁接苗呢？

A2 嫁接苗是指利用其它的植物的特性，來補足番茄某些特性的不足，一般常見的是利用茄子的根莖部（約8公分左右）來嫁接番茄苗；利用此嫁接苗來種植番茄，可以減少番茄的病害，而且番茄會比較不怕濕、不怕乾，生長的也會比較健壯，生長期較長，產量可以提高。

▲番茄與茄子嫁接處。

◀番茄嫁接苗。

Part 3

結球花菜香辛類

栽種步驟大圖解

颱風過境，菜價上漲讓你苦惱嗎？

結球、花菜的殘留農藥，讓你擔心洗不乾淨嗎？

不怕不怕，廚房裡缺什麼馬上現摘，

新鮮、自然、省錢，立即上桌！

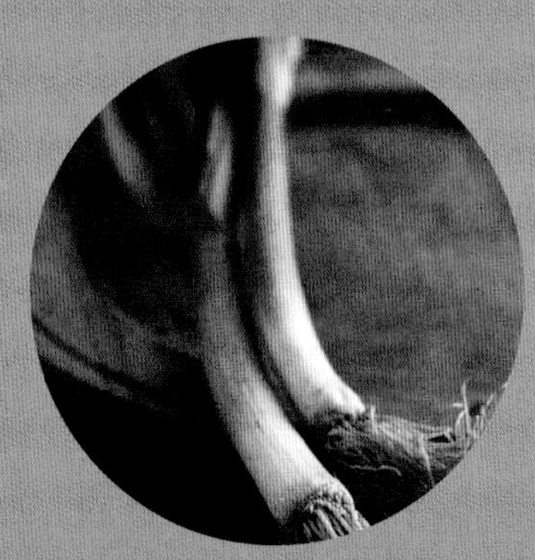

結球白菜

Chinese Cabbage

一年生草本

英名》Chinese Cabbage，Celery Cabbage

別名》包心白菜、山東白菜、大白菜、捲心白菜

科名》十字花科

栽種難易度》★★

栽種月份表

	1月	2月	3月	4月	5月	6月	7月	8月	9月	10月	11月	12月
栽種	■	■	■						■	■	■	■

栽種▶9月～翌年3月

疏苗▶栽種後7天

追肥▶栽種後14天

採收▶栽種後70～80天

特徵

- 白菜品種極多，一般分為小白菜與大白菜，小白菜指的是不結球白菜，而結球的白菜就稱為大白菜。大白菜除了是火鍋裡的佐菜之外，也是醃漬泡菜的主要材料。
- 結球白菜性喜冷涼，特別是在15～22℃之間最適宜栽培，結球的品質最好，因此不論是高溫的夏天或寒流的冬天都會影響生長，若**冬天遇寒流，應稍作防寒措施以利結球白菜的生長**。
- 結球白菜易感染濾過性病毒，進而引發軟腐病（植株根部變軟而發出臭味），所以栽種過程需特別注意蟑螂的危害，因為蟑螂是濾過性病毒傳染的重要媒介。

綠手指小百科

播種：9月～翌年3月，初秋、初春季最佳。

疏苗：播種後約7天可疏苗。

追肥：播種後14天追肥，之後每7～10天再追肥一次。盡量少量多次，約再追肥4～5次即可，但採收前一週不施肥。

日照：全日照，日照要充足且通風良好。

水分：介質乾再澆水，保持排水良好。

繁殖：點播種子或育苗。建議用育苗，可節省播種時間。

採收：播種後大約70～80天即可採收。

食用：莖葉。

栽種步驟 STEP BY STEP ▸▸▸

1 選擇播種或育苗

包心白菜可以採用點播種子或育苗。新手建議可以先育苗後再移入栽培器中種植，或直接買菜苗栽種，成功率較高。

2 栽種方式

▲播種後覆土並澆水澆透。

A 點播種子

每穴2顆種子，播種後覆土澆水。約2～5天就會發芽，播種後約第7天就可以疏苗，每一穴保留一株健壯的幼苗即可。

▲約2～5天就會發芽。

B 育苗

先在穴盤中每穴置入1顆種子後覆土澆水，放置陰涼處。待2～5天發芽後長到約6～7葉時，再移入栽培容器裡繼續種植。

3 栽種菜苗

輕取穴盤中的育苗，移植至要種植的盆器中。子葉要維持在土面上，栽種後將土輕輕壓實，並澆水澆透。

▲包心白菜第14天。

4 追肥

播種後14天追肥，之後每7～10天再追肥一次，盡量少量多次；約再追肥4～5次即可，但採收前一週不施肥。

▲生長25天。

▲生長40天。

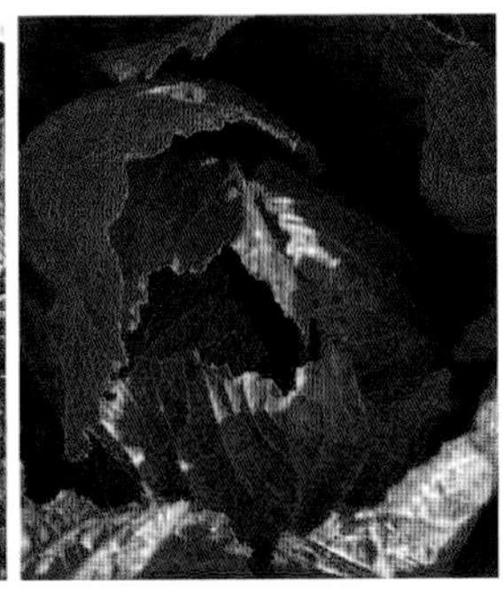
▲生長60天。

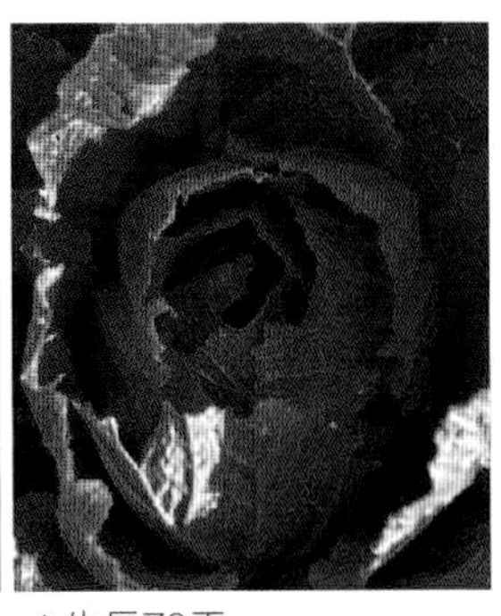
▲生長70天。

5 採收

十字花科要特別注意蟲害產生，特別是在包心白菜開始要結球的時候，若此時有青蟲跑進去被包覆住，就可能會被青蟲啃食而無法包心結球。播種後大約70～80天即可採收。

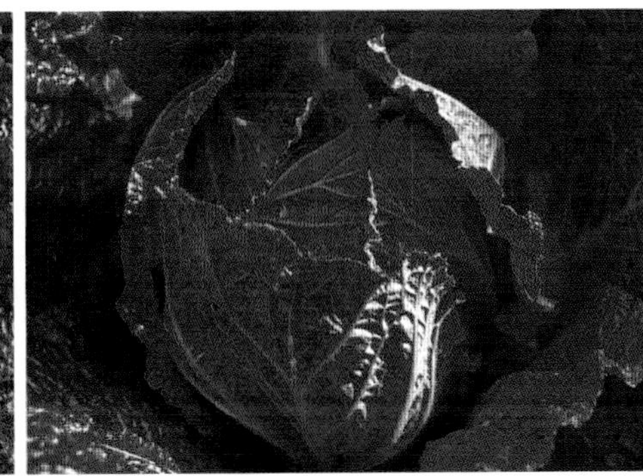

QA大哉問

Q1 種植的包心白菜，開始從裡面的菜葉腐爛，但外葉都還很漂亮，這樣還有救嗎？

A1 屬十字花科的包心白菜，性喜冷涼氣候又容易有蟲害，若處在高溫又通風不良的生長環境，就很容易腐爛。若情況不嚴重且尚未結球，可以先把腐爛的部份清除，再按正常照顧就可以長出側芽，若情況嚴重，只好丟棄重新栽種。

Q2 包心白菜若還沒開始包心，外圍的菜葉可以先取來食用嗎？這樣會影響包心嗎？

A2 若白菜尚未包心，就摘取外葉食用，會造成光合作用不足而影響結球的大小，且容易提早開花，建議不要摘取外葉先食用。

青花菜

Sprouting brocoli

一年生草本

英名》 Sprouting brocoli

別名》 青花椰菜、綠花椰菜、美國花菜

科名》 十字花科

栽種難易度》 ★★

栽種月份表

1月	2月	3月	4月	5月	6月	7月	8月	9月	10月	11月	12月

栽種▶9月～翌年3月

疏苗▶栽種後10天

追肥▶栽種後14天

採收▶栽種後80～90天

特徵▸▸▸

- 青花椰菜我們食用其花蕾，故稱為花菜。
- 青花椰菜人稱「蔬菜之王」，不論是營養學家、保健專家、醫生或學術研究者，都一致推薦的超級明星級蔬菜，因其抗癌功效一再被證明，所以得到「蔬菜之王」的美譽。
- 與其他十字花科蔬菜（小白菜、高麗菜、芥藍菜、結頭菜）一樣都**含有異硫氰酸鹽與大量的蘿蔔硫素，具有抗癌與抗氧化功效**。
- 由於近年研究顯示青花菜芽亦具有良好的抗癌功效，由於栽培時間短（10天左右），因此也適合家庭蔬菜種植。

綠手指小百科

播種	9月～翌年3月，以初秋、初春季最佳。
疏苗	播種後10天可疏苗。
追肥	播種後14天追肥，之後每10天再追肥一次，盡量少量多次，約再追肥4～5次即可，但採收前一週不施肥。
日照	全日照。
水分	介質乾再澆水，保持排水良好。
繁殖	點播種子或育苗。建議用育苗，可節省播種時間。
採收	播種後大約80～90天即可採收。
食用	花苔。

栽種步驟 STEP BY STEP ▸▸▸

1 選擇播種或育苗

青花椰菜可以採用點播種子或育苗。新手建議可以先育苗後再移入栽培器中種植或直接買菜苗栽種。

2 先拌入有機肥

因肥份需求高，所以在種植前要先在土壤中，拌入含磷比例較高的有機肥料；2～3天後再開始播種。

3 栽種方式

▲約2～3天就會發芽。

A 點播種子

每穴2～3顆種子，種子間距約1公分，穴與穴之間距約30公分；播種後覆土澆水。約2～3天就會發芽，約10天就可以疏苗，每一穴保留一株健壯的幼苗即可。

▲植株間距約30公分。

B 育苗

在每穴盤中放置1顆種子後再覆土澆水，待長至約5片葉，再移植到要栽種的盆器。

4 栽種菜苗

將矮壯、莖粗的幼苗移植到要栽種的盆器中，植株與植株之間距約30公分以上為佳。幼苗植入盆器中後，輕輕壓實土壤並澆水澆透。

▼青花椰第20天。

5 追肥

栽種後14天追肥，之後每10天再追肥一次；盡量少量多次，約再追肥4～5次即可，但採收前一週不施肥。

6 準備採收

大約80～90天即可採收。如果花蕾顏色變黃，表示已經過了採收期要開始老化。

▲青花椰第90天，開花樣貌。

▲日照不足，花蕾不易結，生長45天左右。

QA大哉問

Q1 聽說花椰菜種在花盆裡不會結花蕾？是真的嗎？

A1 花椰菜是可以種在花盆裡，但花盆要大一點，至少要使用12吋盆，而且一盆只能種一顆，日照要充足，才會結花蕾。

Q2 花椰菜在家種植困難度高嗎？照顧上要特別注意什麼？

A2 一般花椰菜除了基本的水、土、日照養護外，要特別注意蟲害的問題，因屬十字花科，非常容易遭受蟲害，所以要作好防蟲的措施。

高麗菜

Common cabbage

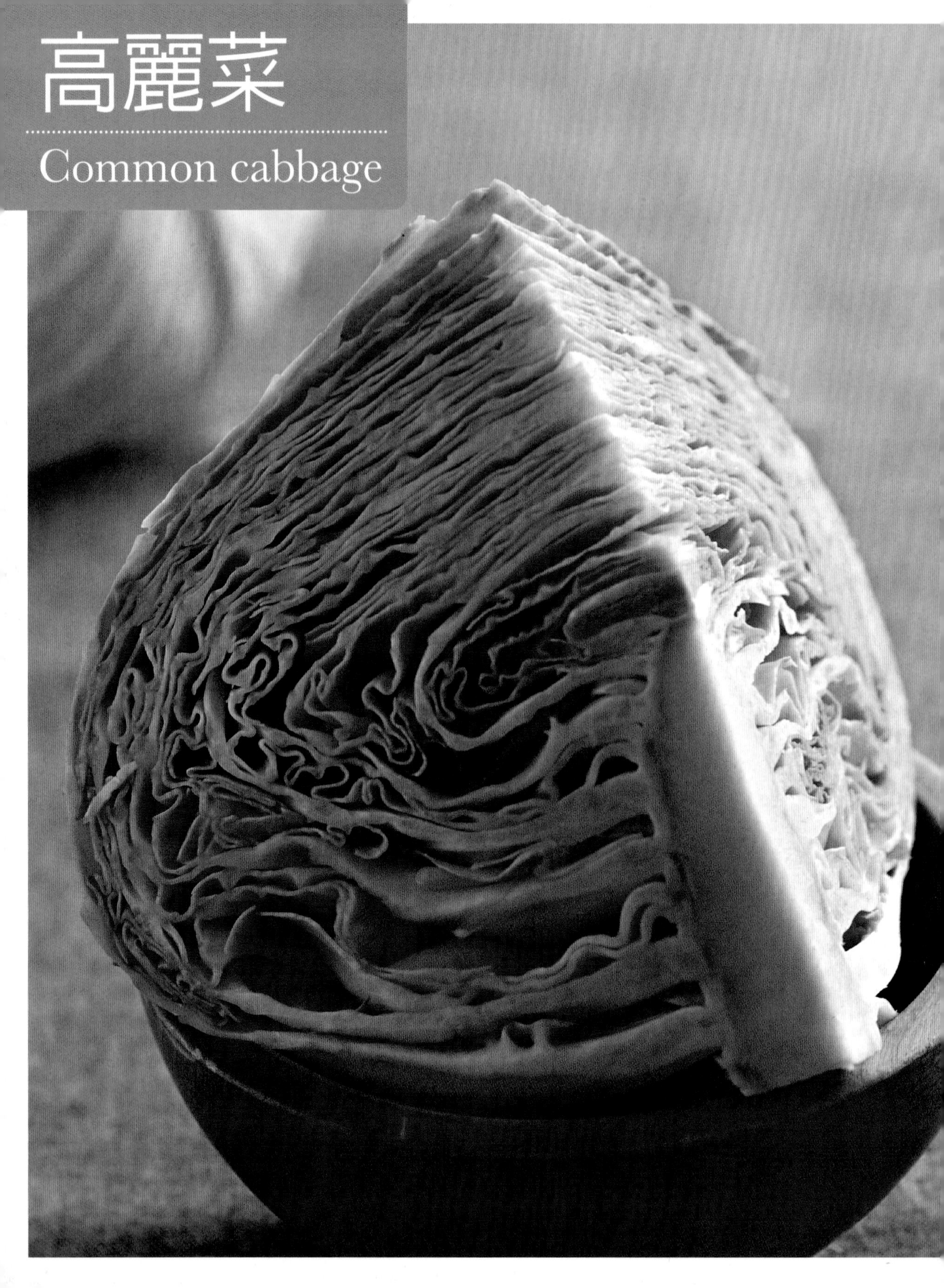

一年生草本

英名》Cabbage,Common cabbage

別名》甘藍菜、結球甘藍

科名》十字花科

栽種難易度》★★

特徵

- 高麗菜的原名是「結球甘藍」，日據時代日本人為了鼓勵栽培結球甘藍，因此以經常食用結球甘藍的高麗人（韓國人），以他們健壯的身體為號召，故民間就稱之為「高麗菜」。
- 高麗菜是春、秋、冬三季重要的蔬菜之一，因高麗菜性喜冷涼，在高溫的夏天除了高山地區之外，平地栽培容易產生生育不良現象。幼苗期至外葉生長期間，對稍高溫（25～30℃）有較強的適應能力，當生長到結球期時，便要求暖涼的氣候（15～22℃），高溫會產生結球不良，甚至無法結球的現象。
- 高麗菜對於水分的需求量大，尤其**結球期間**，更**需要較大量的水分**，因此需注意排水問題，避免因積水而造成根部浸水腐爛。

綠手指小百科

播種	秋季到春季（9月～翌年3月）。
疏苗	10～14天（4～6片葉子）。
追肥	一週施一次肥，幼苗成長至結球前追肥2～3次。
日照	全日照，至少要吸收200小時的日照。
水分	保持土壤濕潤度及排水良好。
繁殖	點播種子。建議用育苗，可節省播種時間。
採收	栽種後大約80～100天即可採收。
食用	結球。

栽種步驟 STEP BY STEP

1 選擇播種或育苗

高麗菜可以使用點播種子或育苗栽種二種方式。一般建議可以先育苗後再移入栽培器中種植，這樣根系會較發達，栽種成功率高。

2 拌入含磷比例高的有機肥

高麗菜因肥份需求高，所以在種植前要先在土壤中，拌入含磷比例較高的有機肥料；2～3天後再開始播種。

3 栽種方式

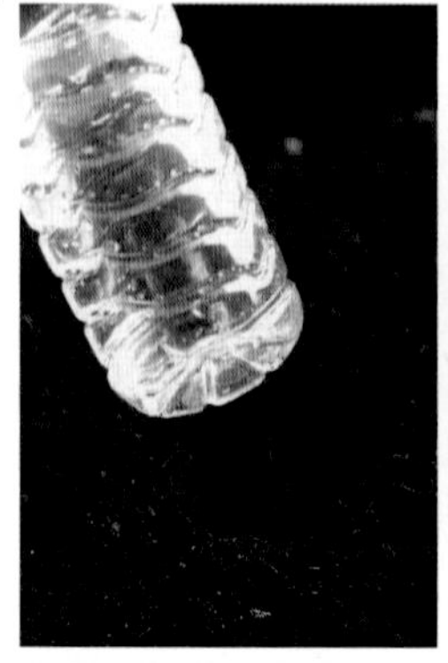

A 點播種子

先以寶特瓶底於土上壓出凹穴，一處凹穴置入約3顆高麗菜的種子，種子間距約1公分；穴與穴之間距約30公分。播種後要覆土澆水，10～14天後，生長約4～6片葉時可進行疏苗，每一叢只要留下一株健壯的幼苗即可。

B 育苗

先在穴盤中置入約3顆種子後覆土澆水，放置陰涼處。待4～5天發芽後長到約6～7葉時，再挑選健康的苗移入栽培器裡繼續種植。

▲約4、5天發芽。

4 生長期中要追肥

高麗菜肥分需求高，疏苗後即可追肥，之後10天再追一次肥，或5天追一次肥但量要減半；幼苗成長至結球前追肥2～3次（結球後以氮鉀肥為主），以促進球體堅實碩大。

高麗菜苗最營養

採收結球高麗菜之後所留下的根莖部位，約10～15天又能長出小小的高麗菜葉，這就是高麗菜芽（高麗菜苗），此時的嫩葉最好吃。經研究發現，它含有的活性抗癌成分比高麗菜結球來得高，由於產量少，在市場上是價高又搶手的好貨，家庭種菜於採收後不妨試試。

5 成長後採收

高麗菜生長至40天後，開始慢慢包心準備結球。生長約80～100天後，就可以從根部切除採收結球。

▲高麗菜生長35～40天。

◀ 生長約65天的高麗菜。

▶ 高麗菜生長約75天。

QA大哉問

Q1 為什麼高山的高麗菜比較清甜好吃？

A1 主要是因為溫差的因素。高山的高麗菜種植在海拔2000公尺以上，以夏日20℃是高麗菜最適合生長的溫度，且日照足幅射高；而平地夏天炎熱，所以應該**秋播經過冬天，春天再播端午節前採收是最適當的時間**。

Q2 我種植的高麗菜為什麼結球不完整？

A2 如果日照不足，有可能造成高麗菜的生長期拉長；**在生長期90天內須吸收至少200小時的日照才足夠**。另外，肥分不足也會造成結球不完整，此時必須要充足的陽光及適時的追肥，才會長成完整的結球。

辣椒

Chilli

一、二年生草本

英名》Chilli

別名》番椒、辣子、辣茄、辣角、辣虎

科名》茄科

栽種難易度》★★

栽種月份表

1月	2月	3月	4月	5月	6月	7月	8月	9月	10月	11月	12月
	栽種▶2月~6月										
	疏苗▶栽種後20天										
	追肥▶栽種後14天										
		採收▶栽種後50~60天									

特徵

- 辣椒屬於淺根性作物，因此栽種時必須特別注意，不能讓土壤長時間乾燥，否則會影響生長。
- **辣椒性喜溫暖氣候，春、秋兩季最適合栽種（尤其春天）**，低溫（15°C以下）易使其落花落果，高溫（35°C以上）易產生花粉不孕，而有落花落果的現象。
- 辣椒屬好光作物，因此除了發芽階段外，其餘生長期必須有充足的日照，才能促進枝葉茂盛，果實生長發育才會良好，否則易產生徒長、莖節長、葉片薄，生長不良而造成落花、落果、落葉現象。

綠手指小百科

播種	2月~6月，春季為佳。
疏苗	播種後20天（4~5片葉子）可進行疏苗。
追肥	播種後14天，施以有機肥。
日照	日照要充足。
水分	介質乾再澆水。
繁殖	點播種子。
採收	播種後約50~60天左右即可陸續採收。
食用	果實。

栽種步驟 STEP BY STEP ▸▸▸

1 浸泡種子

辣椒可以直接播種或買苗來栽種。播種前取適量的辣椒種子，先泡水8～12小時；瀝乾水分後再播種。

▲辣椒苗。

2 點播種子

以點播的方式播種，每一點放入3顆的辣椒種子，種子間距約1公分；每個穴的間距約30公分。

3 覆土並澆水

放入種子後輕輕覆上一層約1公分的薄土，並澆水至澆透，至發芽前要保持土壤的濕潤度。

4 發芽

大約4～5天後，就開始冒出小綠芽了。

5 生長時期要施肥

播種後14天追肥，將有機肥輕灑在植株的四周，避免踫到根莖以免造成肥傷，施肥後以薄土覆蓋。生長約20天後疏苗，淘汰子葉已黃化的幼苗，選擇留下一株莖粗健壯的幼苗即可。

6 生長立支架

大約35～40天後，辣椒生長的直挺翠綠。此時要開始立支架，以防植株傾倒。

7 開花成長

辣椒播種後約40天會開出第一朵花，陸續開花也開始陸續結果。

▲辣椒開花樣貌。

8 結果採收

開花二週後開始結果，辣椒的果實會從綠色變為黑色再變成紅色熟成，從播種至50～60天左右，就可以採收了。

▲果實會從綠色變為黑色再變成紅色熟成。

▲約50天即可採收。

QA大哉問

Q1 目前世界上最辣的辣椒是什麼品種？又有哪些特別品種呢？

A1 目前世界上最辣的辣椒品種是「鬼椒」，由於非台灣原產且尚未馴化，市面上較難購買，一顆種子市價約200元左右，植株更達3、400元。還有一些特別的品種如：「巧克力辣椒」辣度可比朝天椒更辣。

◀巧克力辣椒。

Q2 請問辣椒需要摘芯嗎？

A2 不需要。辣椒不用摘芯，雖然摘芯可以促進側枝生長茂盛，但果實並不會生長更多，而且相對的肥份也會需要更多。

九層塔
Basil

一年生半灌木

英名》Basil

別名》羅勒、千層塔、七層塔、零稜香

科名》唇形花科

栽種難易度》★

栽種月份表

1月	2月	3月	4月	5月	6月	7月	8月	9月	10月	11月	12月

栽種▶2月～9月

疏苗▶栽種後14天

追肥▶栽種後14天

採收▶栽種後35～40天

特徵

- 九層塔因其老化會開花，狀似層層疊起的高塔，因此稱為九層塔。
- 常食用部位取其嫩梢、嫩葉；老一輩的人亦會在廢耕時將老化的莖條、根頭取下入藥，據說對小孩發育長骨很有幫助，可說是從頭到腳都有利用價值的經濟作物。
- 九層塔味道極為特殊，在烹調上常為重要的配角，具有去腥增氣的效果，**居家栽種時應常採收其嫩梢、嫩葉，如此可促進分枝生長**。
- 九層塔易開花，若不留種子，應隨時摘除，以避免植株因開花而老化，並且可延長採收的時間，非常適合家庭種菜。

綠手指小百科

播種	2月～9月，春季為佳。
疏苗	二週後疏苗，留下一顆健壯的苗即可。
追肥	播種後14天追肥一次，之後每二星期追肥一次。
日照	日照良好。
水分	水分需求大，夏天可在盆底放置水盤，每天早上加水，保持土壤濕潤。
繁殖	播種或扦插。
採收	大約35～40天採收，可連續採收3～4個月。
食用	嫩莖葉。

栽種步驟 STEP BY STEP ▸▸▸

1 取種子

取適量九層塔的種子。

2 點播種子

將種子以約1公分的間距直播於土壤上，同一點種下約3～5顆種子。

3 覆土後澆水

水分需求大，夏天可在盆底放置水盤，每天早上加水，保持土壤濕潤，最好早晚各澆一次水。

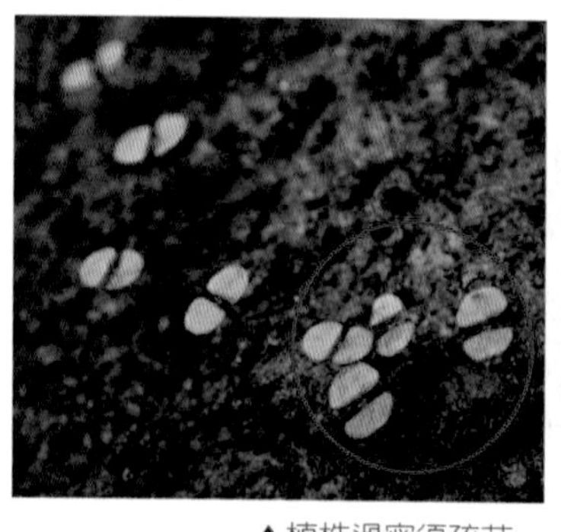

▲植株過密須疏苗。

▲播種後第10天。

4 發芽後疏苗

播種後約4～5天就會發芽。二週後疏苗，留下一顆健壯、節點距離短的粗壯苗即可。

5 生長期間追肥

播種後兩週追肥一次，之後每二星期追肥一次。

6 成長立支架

待植株長至10～15公分後，可以立支架以防止植株傾倒。

7 採收

大約30～35天即可採收，可連續採收4～6個月。九層塔易開花，若不留種子，應隨時摘除，以避免植株因開花而老化，並且可延長採收的時間。

▲50天的九層塔開花樣貌。

QA大哉問

Q1 九層塔需要常常摘芯嗎？

A1 當主幹生長到20～30公分時，就可摘芯採收，並隨時摘除花穗，不使開花，以促進分枝。開花前香氣最濃，可採嫩梢食用。

Q2 九層塔可以用扦插的方式栽種嗎？

A2 可以。剪一段九層塔枝條（要有芽點），老枝嫩枝皆可，將枝條插入乾淨的培養土盆裡，將扦插的盆放到水裡，水位差不多到盆的一半即可，放在陽光充足的地方，3～5天後即會長根了，不過要隨時注意水位，若低於盆的一半即要補水。

你一定要知道的 種菜小常識

九層塔品種大集合

一般比較常見的是紅骨及青骨九層塔，大葉及斑葉九層塔比較少見。

▲紅骨九層塔。

▲青骨九層塔。

▲大葉九層塔。

▲斑葉九層塔。

青蒜

Garlic

一、二年生草本

英名》Garlic

別名》蒜仔

科名》蔥科

栽種難易度》★★

栽種月份表

1月	2月	3月	4月	5月	6月	7月	8月	9月	10月	11月	12月

栽種▶9月～翌年3月

追肥▶栽種後10天

採收▶栽種後40～50天

特徵

- 蒜因收穫階段與食用部位不同而分為蒜黃（蒜瓣在遮光下催芽，其嫩芽稱之蒜黃）、青蒜（生長前期，莖葉幼嫩時採收食用）、蒜球（植株老化，基部腋芽肥大成蒜瓣後採收），蒜的每個時期都能充分加以利用。
- 蒜含有蒜素，有殺菌、抗癌的功效，被視為**植物的抗生素**，因此坊間有不少的蒜製品如：蒜精、蒜粉、蒜片等等，甚至健康食品也常以蒜來當其原料。

綠手指小百科

播種	適合於秋、春二季播種（9月～翌年3月）。
疏苗	無。
追肥	播種後10天即可施有機肥。
日照	日照要充足。
水分	介質乾再澆水即可。
繁殖	點播蒜瓣。
採收	播種後40～50天即可採收。
食用	莖葉。

栽種步驟 STEP BY STEP ▸▸▸

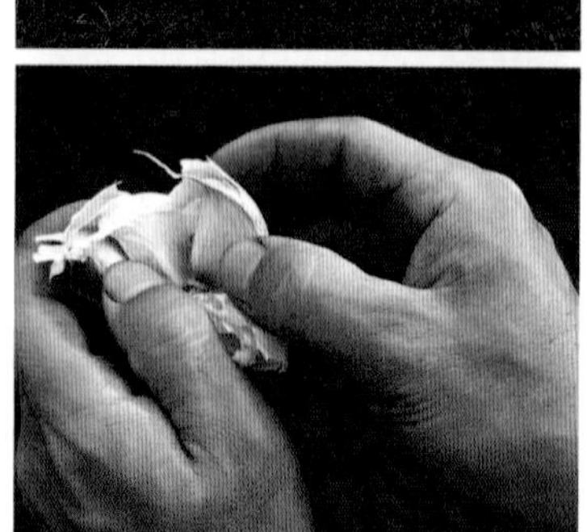

1 挑選蒜瓣

可以在種子行購買栽種用的軟骨蒜頭，挑選表面光滑飽滿、無受損的蒜頭來進行種植。將蒜頭剝開取出分瓣，若瓣膜太多可剝除一些。

2 播種蒜瓣

將蒜瓣的圓底端往土壤輕輕下壓，露出尖尖的一端即可。

▲蒜與蒜之間的間距至少10公分以上。

3 覆土並澆水

放入蒜瓣後輕輕覆上一層薄土，並澆水至澆透。

4 發芽

約5天後，就開始冒出小綠芽。

▲生長約7～10天。

5 追肥

大約10天後，綠芽生長的直挺翠綠；播種後10天再追肥一次即可。

▲在根的周圍灑上適量有機肥。

6 成長後可採收

蒜成長40～50天後，即可全株採收了。

QA大哉問

Q1　為什麼有人說要種蒜頭前要先泡水，或冰在冷藏室裡再種？

A1　蒜頭種植前不需要先泡水，之所以會有冰在冷藏室一說，是要破除蒜的休眠，可促進發芽，但其實都不太建議，只要在秋季開始種植，發芽率是很高的，最好不要在夏季時種植蒜。

Q2　要如何知道土裡的蒜頭已經結球，可以採收了？

A2　一般若蒜頭有結球會高過於土面，除非栽種時種的很深。只要把土撥開來看就知道了，輕輕的撥土不會傷害到根。或當葉子開始有乾枯現象時，就表示可以採收了。

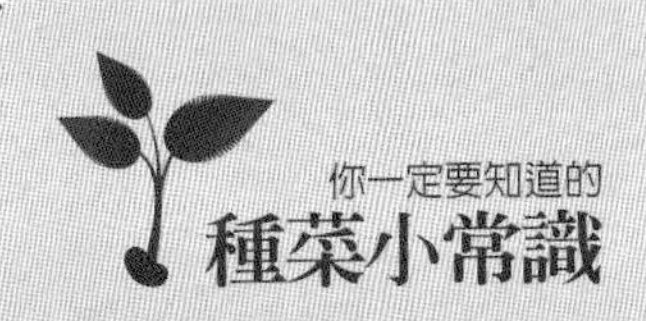

種蒜
要買軟骨蒜頭

蒜頭分軟骨跟硬骨二種，一般在菜市場買到的蒜頭為硬骨品種，味道較香辣，適合食用；若要種植青蒜，要到種子行購買軟骨蒜頭，種出來的青蒜會比較嫩。

青蔥

Welsh onion

一、二年生草本

英名》 Welsh onion，Green bunching onion

別名》 蔥、葉蔥、水蔥、蔥仔、水晶管

科名》 蔥科

栽種難易度》 ★★

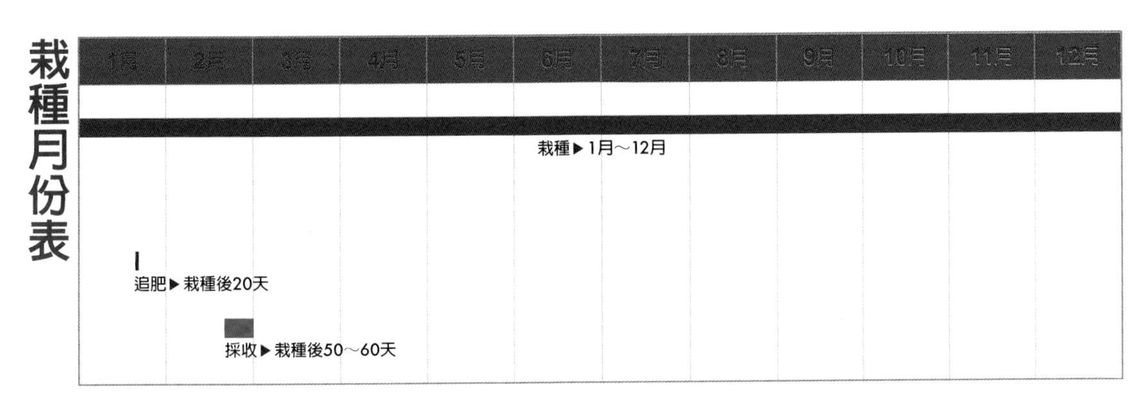

特徵

- 蔥是烹調料理上不可或缺的重要佐料之一，用來提味或去腥，日常生活的使用上相當廣泛。
- 本草綱目有記載「蔥初生曰蔥針，葉曰蔥青，衣曰蔥袍，莖曰蔥白」，很清楚指出蔥的各部位名稱。
- 蔥雖易栽培，但因各品種對環境的適應性不同，所以栽培前應觀察氣候及生長環境等條件來選擇品種。

綠手指小百科

播種	四季皆可，視品種而定。
疏苗	無。
追肥	播種後20天施一次有機肥，之後每7～10天追肥一次。
日照	全日照。
水分	介質乾再澆水，排水要良好。
繁殖	點播。
採收	播種後50～60天即可採收，可連續採收數個月（視生長狀況而定）。
食用	莖葉。

栽種步驟 STEP BY STEP ▸▸▸

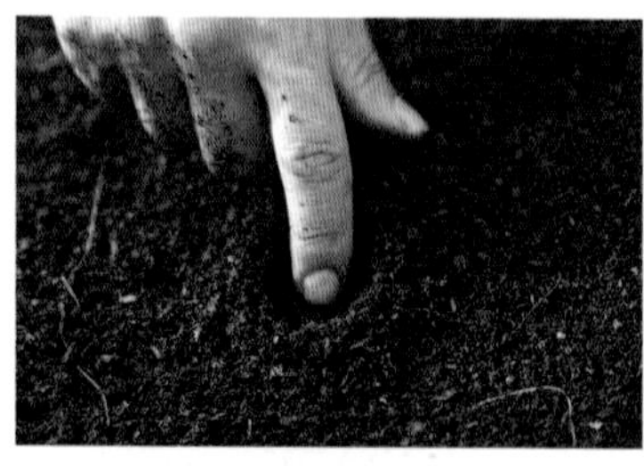

1 浸泡種子

取適量青蔥種子，於栽種前一晚先泡水8小時，隔天再瀝乾準備播種。

2 點播種子

以點播方式播種青蔥種子。先在土壤上挖出一小洞，每一洞內放置5～8顆左右的種子，每一穴的間距約一個成人拳頭寬度。

▲大約4～5天發芽。

3 覆土並澆水

播下種子後，再輕輕覆上一層土，並澆水澆透。大約4～5天後，就開始冒出小綠芽。

4 生長期間要追肥

播種後20天施肥一次有機粒肥，之後每7～10天再追肥一次。

5 成長

播種後大約30天，青蔥生長的直挺翠綠。

◀生長約50天。

6 準備採收

青蔥60天的生長姿態。之後可連續採收數個月。

QA大哉問

Q1 為什麼常見到在蔥苗上會鋪上一層乾稻草？有什麼用意嗎？

A1 栽種蔥常會以稻草覆蓋其上，如此不但可以抑制雜草生長，促進蔥的生長外，還可增加蔥白的長度，在夏天可以保水、冬天可以保暖。居家栽培可撿拾乾淨的乾草、細樹枝條來取代不易取得的稻草。

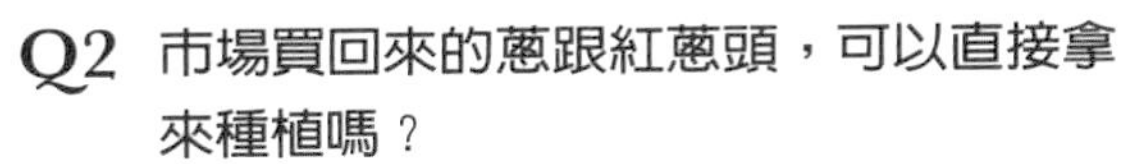

Q2 市場買回來的蔥跟紅蔥頭，可以直接拿來種植嗎？

A2 可以，直接以市場買的蔥種植收成會較快。而紅蔥頭種植出來的則是珠蔥，比較細小，是不同的品種。

▲珠蔥生長狀態。

▲珠蔥生長狀態。

芫荽
Coriander

一、二年生草本

英名》Coriander

別名》香菜、胡荽、香荽

科名》繖形花科

栽種難易度》★

栽種月份表

1月	2月	3月	4月	5月	6月	7月	8月	9月	10月	11月	12月
								栽種▶9月～翌年4月			
								追肥▶栽種後14天			
									採收▶栽種後30～40天		

特徵 ▸▸▸

- 其名稱由希臘語Koris及Annon結合，Koris即是椿象，Annon是大茴香，因此被解釋為「生葉具有椿象的臭味，而果實類似大茴香的一種作物」，因此歐美人士視為臭菜，而在華人的飲食上，卻是蔬菜芳香調味的一種重要的佐料。
- **性喜冷涼氣候，耐冷不耐熱，冬天為其盛產期**，15～20°C能栽培出最優良的香菜，高溫生長緩慢（25°C以上）甚至停止（30°C以上）。居家栽種時，只要選擇日照充足的區域栽種與輪作，也能輕易栽培出乾淨衛生的香菜。

綠手指小百科

播種	秋～春季（9月～翌年4月）。
疏苗	無。
追肥	播種後14天施一次有機肥，之後每7天再追肥一次。
日照	全日照，日照要充足。
水分	保持土壤濕潤並且排水良好。
繁殖	點播種子。
採收	播種後30～40天即可一次採收。
食用	全株莖葉。

栽種步驟 STEP BY STEP ▸▸▸

◀剝開果實取得種子。

1 浸泡種子

取5～7顆香菜的種子，因香菜屬於調味用不需種植太多棵。在<u>播種前最好先將香菜的種子泡水</u>，或者直接剝開果實再泡水取得種子。

▲播種的穴直徑約3公分。

2 點播種子

在土壤上用手指挖出一個洞，直徑約3公分，放入5～7顆香菜種子。

3 覆土並澆水

放入種子後輕輕覆上一層薄土，並輕灑水至澆透。

▼生長第12天。

4 發芽

種子播種後約7天就會發芽。

5 追肥

生長約12天的香菜姿態。播種後約14天施肥一次，之後每7天再追肥一次。

6 採收

播種後約30～40天，就可以一次採收。

◀生長20天的香菜。

QA大哉問

Q1 我種的香菜發芽長出小葉子後，莖長了很容易倒伏，這時是不是應該要移植把莖埋深一點或補土呢？

A1 若非徒長現象，香菜的幼苗期莖較長，因此倒伏是正常的現象，澆水宜使用噴霧式澆水，等它再成長到一定程度，就不會有這樣的情況發生了，但要特別注意日照要充足。

Q2 聽說種過香菜的土，不能再種同類的植物如：芹菜，那二者可以一起種嗎？

A2 香菜忌連作，因此同一盆土不可以連續栽種。若與同屬繖形花科的芹菜一起栽種也可以，但居家栽種不建議。

Q3 可以把從菜市場買來的含根香菜，直接種到土裡嗎？

A3 將葉莖剪剩約5公分左右，栽種到土裡，要保持土壤的濕潤，就可以存活。但香菜屬於短期作物，約30～40天即可採收，因此直接播種栽種就可以。

芹菜

Celery

一年生草本

英名》Celery

別名》香芹、旱芹、藥芹

科名》繖形花科

栽種難易度》★

栽種月份表

1月	2月	3月	4月	5月	6月	7月	8月	9月	10月	11月	12月

栽種▶10月～翌年4月

追肥▶栽種後14天

採收▶栽種後40～45天

特徵

- 芹菜有其獨特的香味，常用來燉煮、炒食或是沙拉涼拌。
- 芹菜性喜冷涼，15～22℃最適合栽種優良芹菜。因芹菜屬喜肥性蔬菜，栽培時除基肥外，追肥亦不可間斷。**芹菜屬淺根性蔬菜**，居家栽培時，應注意**選擇通氣性佳與排水良好的土壤栽培**。
- 栽培分為本地芹與西洋芹。本地芹葉柄細長中空，香味濃，以炒煮食為主。而西洋芹葉柄粗而厚，實心多肉，以生食為主，亦可炒煮食。

綠手指小百科

播種：秋、冬季至隔年春季（10月～翌年4月）。

疏苗：無。

追肥：播種後14天施以一次有機肥，之後每7天追肥一次。

日照：性喜冷涼，半日照即可。

水分：保持土壤濕潤並且排水良好。

繁殖：點播種子。

採收：播種後約40～45天即可採收。

食用：全株。

栽種步驟 STEP BY STEP ▸▸▸

1 取種子

取適量的芹菜種子。

3 覆土並澆水

放入種子後輕輕覆上一層約1公分的薄土，並澆水至澆透，至發芽前要保持土壤的濕潤度。大約4～5天後，就開始發芽。

▲大約10天後，生長的直挺翠綠。

4 追肥

14天後追肥，將有機肥輕灑在植株的四周，避免踫到根莖以免造成肥傷；施肥後以薄土覆蓋。之後每7天追肥一次。

2 點播種子

以寶特瓶瓶蓋（約直徑2公分）壓在土壤上，每一洞平均撒入約8顆芹菜種子，每穴間距約10公分。

5 成長

當芹菜長到約30公分以上時，建議可做防風措施，可避免植株傾倒。

6 採收

約40天後就差不多可以採收。

QA大哉問

Q1 聽說芹菜用撒種播種會比較慢？

A1 芹菜撒種子播種確實會比較慢，所以一般建議可以買菜苗來種植會比較快。芹菜非常注重水分，要確保水分充足。

Q2 山芹菜是芹菜的一種嗎？

A2 山芹菜也是同屬繖形花科多年生草本，又名鴨兒芹，是屬於野菜類，口感和芹菜不太一樣，香味也很特別。

你一定要知道的種菜小常識

芹菜有嚴重的連作障礙，所以同樣的土壤種了芹菜之後，就要換其它的土壤種植；或是同樣的土壤要經過幾年之後才能再種。

韭菜

Chinese leek

多年生草本

英名》Chiu tsai，Chinese leek

別名》懶人菜、起陽韭、長生韭

科名》蔥科

栽種難易度》★

栽種月份表

1月	2月	3月	4月	5月	6月	7月	8月	9月	10月	11月	12月

栽種▶1月～12月

追肥▶栽種後10天

採收▶栽種後70～80天

特徵

- 韭菜是多年生草本植物，每割取一次，又會再行生長，所以《說文解字》說：「一種而九，故謂之韭」，為長長久久的意思。而由唐杜甫的詩句「夜雨剪春韭，新炊間黃粱」，可知韭菜自古以來就有栽培了。
- 一般家庭種菜一期大約可維持2～3年左右，每35～45天（大約20公分左右，剪或割取留下2～3公分）可採收一次，只要在日照充足的環境，加上定期的追肥（每次採收後追肥）就能輕易栽種出新鮮的韭菜。

綠手指小百科

播種	四季皆可，春、秋季最佳。
疏苗	無。
追肥	播種後10天施肥，之後每10天再追肥一次。
日照	日照需充足。
水分	介質乾再澆水。
繁殖	點播種子。
採收	70～80天採收，之後每35～45天可再採收，可連續採收二年。
食用	莖葉。

栽種步驟 STEP BY STEP ▸▸▸

1 取種子
取5 ～7顆韭菜的種子。

2 點播種子
在土壤上用手指挖出一個洞，直徑約3公分，放入5～7顆韭菜種子。

▲洞的直徑約3公分。

3 覆土並澆水
放入種子後輕輕覆上一層薄土，並輕灑水至澆透。

◀生長20天的韭菜。

▼生長第40天。

4 發芽
待5～7天後，韭菜就會開始發芽。

5 生長期要施肥
播種後10天施肥，之後每10天再追肥一次。韭菜人稱「萬年菜」，只要注意保持土壤濕潤、施予有機肥，非常容易存活。

6 採收

播種後約70～80天可採收，之後再過40天可再採收，可連續採收二年以上。

QA大哉問

Q1 請問韭黃跟韭菜是什麼關係？是不同的品種嗎？

A1 韭黃其實就是韭菜，只是在栽種生長的過程中，刻意讓韭菜不受到陽光的照射，以人工方式遮斷光線，造成韭菜顏色黃化，口感軟嫩，即是韭黃。而綠韭菜在抽苔長出花苞時，趁花苞尚未飽滿即割取，就是韭菜花。

Q2 為什麼我家的韭菜割過一次後，就長不太起來了？

A2 韭菜每次採收要割到底（約留2～3公分）。要注意是否土壤有保持濕潤，但不能太潮濕，陽光要充足，才會長的好。韭菜算是很好種的蔬菜，既耐寒也耐熱，韌性相當強。在多次採收後，莖葉漸小，故約2～3年後須更新或挖起換土重種。

Part

4

葉菜類

栽種步驟大圖解

10種葉菜類蔬菜，只要30天就能採收！

跟著Step by Step圖解栽種步驟，

你也可以在自家陽台、頂樓，

開始享受DIY種菜收成的樂趣！

地瓜葉

Sweet potato vine

多年生蔓性、矮性草本

英名》 Sweet potato vine

別名》 番薯葉、甘薯葉

科名》 旋花科

栽種難易度》 ★

栽種月份表

1月	2月	3月	4月	5月	6月	7月	8月	9月	10月	11月	12月

栽種▶1～12月

追肥▶栽種後14天

採收▶栽種後30～40天

特徵

- 地瓜葉有蔓性與矮性種，葉呈心形狀，地下長塊根，營養價值極高。
- 早期地瓜葉是種給豬吃的，因此也稱「豬葉」或「豬菜」，由此可見地瓜葉是一種很簡單栽培的家庭蔬菜。
- 地瓜葉含大量葉綠素、植物纖維、維生素A、B群、C以及白色汁液，能促進腸胃蠕動，降低膽固醇，**防止心血管疾病**，營養價值高。
- 現代人飲食中不乏大魚大肉，為了追求健康營養，地瓜葉反而成為市場裡的寵兒，可以說是鹹魚翻身。

綠手指小百科

播種：全年，但以3～10月，春、夏季最適合。

疏苗：無。

追肥：扦插後14天或每次採收後追加有機肥。

日照：日照須充足。

水分：保持土壤的濕潤及排水良好。避開中午時間澆水，以早晨或傍晚最好。

繁殖：扦插繁殖。

採收：大約30～40天即可採收。

食用：全株莖葉皆可食用。

栽種步驟 STEP BY STEP ▸▸▸

▲有側芽的枝條，有利生長。

1 挑選枝條

取約15～20公分的健壯枝條進行扦插。選擇有側芽的枝條，較有利於植株的生長。

2 拔除葉片

拔除地瓜葉多餘的葉片再扦插，可避免水分流失。

3 斜角扦插

將枝條斜插到土裡，深度約三個節點的長度，稍稍傾斜角度扦插，有利根部的發展。

4 注意間距

以一個成人拳頭的寬度間距進行扦插種植，扦插後要澆水，若是天氣炎熱，要移至陰涼處或有遮蔭的地方，以利於長根。

5 生長

扦插後約10天，地瓜葉已經長根，側芽也開始長出新葉子了，生長非常迅速。

▲地瓜葉長成40天，追肥。

6 施肥

扦插後約二星期開始施有機肥，之後每採收一次追肥一次。

扦插種植小撇步

地瓜葉在採收數次後，若發現老葉或黃葉多，可以直接剪除，保留土上約10公分的莖即可，讓它重新生長促進新枝、長出嫩葉。

在夏日扦插時，因天氣炎熱，而扦插的地瓜葉尚未長根成熟，需移至陰涼處或有遮蔽物處，否則不易存活。

7 採收

扦插後約30～40天就可以陸續採收了。

QA大哉問

Q1 採收地瓜葉時，要連莖一起採收還是只採收葉子？可用手直接摘取嗎？

A1 地瓜葉只要摘取嫩莖葉的部分食用即可，用手或剪刀摘取皆可，視個人習慣。

Q2 我種的地瓜葉為什麼葉子會黃黃的？是生病了嗎？該怎麼辦？

A2 地瓜葉葉子黃化有很多原因，有可能是濾過性病毒藉由澆水時，停留在葉面上造成感染，所以澆水時最好直接澆於土壤上，不要澆在葉面上，尤其是天涼季節，容易會引起病菌的產生。

紅鳳菜
Gynura

多年生草本

英名》Gynura

別名》紅菜、補血菜、婦女菜

科名》菊科

栽種難易度》★

栽種月份表

1月	2月	3月	4月	5月	6月	7月	8月	9月	10月	11月	12月

栽種▶1～12月

追肥▶栽種後14天

採收▶栽種後30～40天

特徵

- 在鄉下的庭院、牆角下常會看到紅鳳菜，因為具**耐陰的特性**，所以**可利用一些光線較不足的地方栽種**，很適合在自家陽台少量栽培。
- 紅鳳菜大致可分為「圓葉」和「尖葉」兩種。圓葉種有蔓性，需較大的栽種面積，若栽種面積不大，可選用尖葉種來栽種。
- 紅鳳菜生命力強、易栽培，全年都可栽種，尤其秋、春季更是適合栽種。夏天可使用遮光網50%減光，冬天以防風網擋風，一樣也能培育出好吃健康的紅鳳菜。
- 紅鳳菜除了眾所皆知的**補血功能**外，還可預防高血壓、支氣管炎，所以不只適合女性食用，對年長者也有不錯的效果。

綠手指小百科

播種：全年，尤其以春、秋季品質較好。

疏苗：無。

追肥：扦插後14天，或每次採收後追加有機肥。

日照：耐陰性強，日照稍不足也能生長。

水分：保持土壤的濕潤及排水良好。避開中午時間，以早晨或傍晚澆水最好。

繁殖：扦插繁殖。

採收：大約30～40天即可採收。

食用：全株莖葉皆可食用。

栽種步驟 STEP BY STEP ▸▸▸

1 挑選枝條

挑選約15～20公分的粗壯枝條進行扦插。枝條最好有側芽，可以加速生長。

▲有側芽的枝條，可加速生長。

2 拔除葉子

拔除紅鳳菜多餘的葉片，避免水分流失。欲插入土的部位（約從下而上第三個節點處之間）葉子都要拔除掉，以利扦插。

3 斜角扦插

將紅鳳菜的枝條斜插到土裡，稍稍傾斜角度扦插，有利根部的發展，要保持土壤濕潤。

4 注意間距

以一個成人拳頭的寬度間距進行扦插種植，扦插後要澆水並澆透。

5 生長新葉

二週後會開始長根及長出新葉。扦插後約二星期開始施有機肥，之後每次採收後再追肥一次。

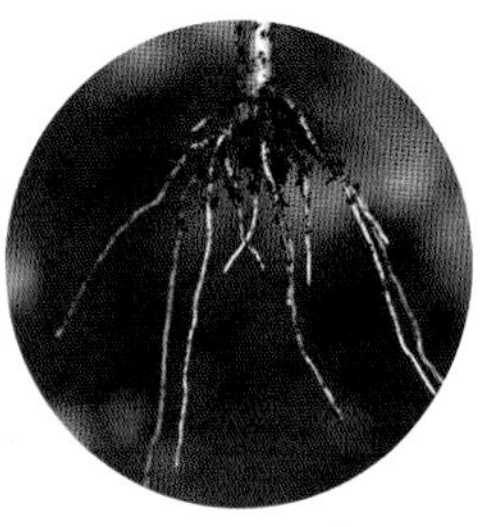

▲二週後長出根的樣貌。

6 成長後採收

扦插後約30～40天就可以陸續採收了。

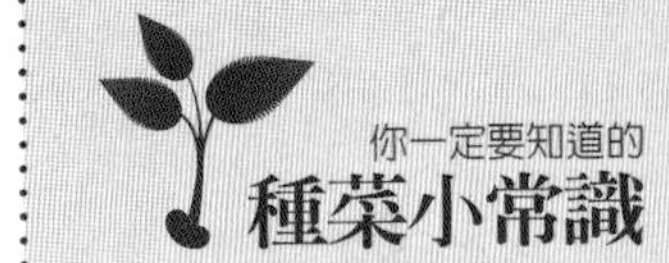

扦插時避免陽光直射

紅鳳菜在扦插時若天氣炎熱可用遮光網（也可應用厚紙板或紙箱），避免陽光直射，因尚未長根容易死亡。

QA大哉問

Q1 為什麼扦插初期不能馬上施肥，要等兩個星期後呢？

A1 植物在扦插後約10～14天會長細根，此時應避免細根受到肥傷；等植株長根較多之後（約14～20天）再開始追肥，之後每採收一次就追肥一次，以補充養分。

Q2 為什麼在夏天時，紅鳳菜會垂頭喪氣的？

A2 因為在夏日炎熱氣溫較高，造成紅鳳菜的水分散發過快，就會見到紅鳳菜垂頭喪氣的樣子；但是在傍晚澆水過後，植物會行呼吸作用，到時候紅鳳菜又會自然直挺了。

▲紅鳳菜缺水狀態。

空心菜
water convolvulus

一年生蔓性草本

英名 》 water convolvulus

別名 》 應菜、蕹菜

科名 》 旋花科

栽種難易度 》 ★

栽種月份表

1月	2月	3月	4月	5月	6月	7月	8月	9月	10月	11月	12月
		栽種▶3～10月									
		疏苗▶栽種後10天									
		追肥▶栽種後7～10天									
			採收▶栽種後30～35天								

特徵 ▸▸▸

- 屬熱帶植物，喜歡高溫濕潤以及長日照環境，為夏季主要蔬菜之一。
- 播種後30～35天即可採收，剪嫩莖葉食用，採收時留下約5cm基部繼續種植，則可連續採收數次，相當適合家庭栽培。
- 生命力強，可土耕也可水耕，堪稱「兩棲植物」。
- 蛋白質、鈣質含量豐富，並且有大量維生素以及纖維質，是一種營養豐富的蔬菜。

綠手指小百科

播種	適合於3～10月栽種。
疏苗	播種後10天，保持株距至少2公分。
追肥	栽種前施以有機肥當基肥（底肥），第一次採收後追肥，7～10天再追肥一次。
日照	日照須充足，並且在通風的環境栽種。
水分	可以水耕，喜歡濕潤土壤，所以要保持土壤濕潤。
繁殖	可以條播或撒播直接播種。
採收	大約30～35天即可全株採收或採收嫩莖葉，留下約5公分左右根莖部繼續種植，之後則可連續採收。
食用	全株皆可食用。

栽種步驟 STEP BY STEP ▸▸▸

1 取種子先泡水

取適量種子，可於前一晚先泡水，隔日早上再播種，可加速發芽速度。

2 條播種子

採條播法種植。在土上劃一條約3公分寬、1公分深的淺溝，將種子沿淺溝播種，種植的菜就會整齊排列。

3 覆土後澆水

播種後輕覆薄土約1公分的厚度，必須馬上澆水並且放置於陰涼通風的環境。

4 發芽後可疏苗

播種後約2天，即可看到種子發芽。約5～7天，已長出2片子葉，若植株太密可適時疏苗。長出綠葉後必需要有充足的日照行光合作用。

5 生長期要施肥

空心菜屬於短期葉菜類蔬菜，當本葉長出4～6片時，可以在根部附近或表土上，適量施以有機質肥料 。

◀採收後留下約5公分的莖部繼續生長。

6 採收

大約在30天後，就可以採收。採收可剪取土上約5公分以上的莖葉食用，空心菜可再自行生長，若生長得宜，可以連續採收數次。

QA大哉問

Q1 我的空心菜種起來稀疏歪斜，要如何改善呢？

A1 空心菜建議播種時可以多撒一點種子，但也不能讓他們重疊太多，只要不影響生長，撒多點種子，細長的空心菜們可以相互倚靠，大約2公分稍密的間距都是可以的。施肥時可以把肥料埋進土裡，以減少蚊蟲孳生。

Q2 以水耕法栽種的空心菜與土耕法，有何差別呢？

A2 水耕空心菜大約只能採收二次，就要重新再扦插種植，不像土耕法的收成次數較多。

你一定要知道的 種菜小常識

空心菜喜歡濕潤土壤，因此要保持土壤濕潤，不宜過度長時間乾燥。尤其高溫高熱的夏天，土壤過於乾燥會影響空心菜生長，可使用自動滴水灌溉保持土壤水分。

小白菜
Pakchoi

一年生草本

英名》Pakchoi

別名》白菜、黃金白菜、鳳山白菜、土白菜

科名》十字花科

栽種難易度》★

栽種月份表

1月	2月	3月	4月	5月	6月	7月	8月	9月	10月	11月	12月

栽種▶1～12月

疏苗▶栽種後7天，12天

追肥▶栽種後12天

採收▶栽種後25～30天

特徵 ▸▸▸

- 白菜的品種繁多，可分為不結球白菜與結球白菜兩大類，不結球白菜我們統稱「小白菜」，而結球白菜我們稱之為「大白菜」。
- 小白菜全年可栽種，成長速度快（25～30天），但**蟲害十分嚴重，因此農藥殘留比例過高，要特別小心**。
- 口感佳、烹調方式多樣，是我們常吃的蔬菜之一。非常適合在家自種安心小白菜，可以現採鮮吃 。
- 小白菜富含礦物質能促進骨骼生長、加速身體新陳代謝、增強身體造血功能，胡蘿蔔素、菸鹼酸等成分能舒緩緊張情緒。

綠手指小百科

播種：全年皆可栽種，尤其以春、秋季品質較佳。

疏苗：約7天（2～3片葉子）進行第一次疏苗，12天（4～5片葉子）進行第二次疏苗，每株間距約8～12公分。

追肥：本葉長出4～5片時（約12天），施以有機質肥料 。

日照：全日照。

水分：必須保持土壤的濕潤及排水良好。

繁殖：撒播種子。

採收：大約25～30天即可全株採收。

食用：全株莖皆可食用。

栽種步驟 STEP BY STEP ▸▸▸

1 挑選種子

檢查種子是否完整無損傷，盡量挑選大顆的種子。

2 撒播種子

以撒播的方式播種，大約1公分一顆種子的間距撒播。

3 覆土後澆水

播種後覆土約0.5公分的厚度，可防止種子因澆水而被沖散。覆土後必須馬上澆水。

4 發芽

播種後約1～2天，就可以看到種子發芽。

5 疏苗

約7天長至2～3片葉子時，進行第一次的疏苗。到第12天或長4～5片葉子時，視狀況進行第二次疏苗，每株間距約8～12公分。

▲疏苗前：植株間過於擁塞，會影響植株成長，所以要進行間拔。

▲疏苗後：植株間的空間變大，小白菜才有生長的空間。

6 追肥

大約12天就會開始快速成長。當本葉長出4～5片時，就要適量施以有機質肥料 。

7 成長
大約20天後，小白菜就長得很茂盛了。

8 採收
從播種後到25天，小白菜已經可以採收囉！

播種後一定要覆土！

小白菜的種子播種到發芽期間，只需吸足水分，不太需要光線或只需微弱光線，因此覆土也有減弱光線的作用。覆土後將土徹底澆濕，盡可能在陰暗通風的環境下讓種子發芽，等長2片葉子後再移到有陽光的地方讓植株成長。

QA大哉問

Q1 為什麼我的小白菜都有澆水施肥，可是葉子卻黃掉了？

A1 小白菜生長大約14～20天左右，常會有葉片黃化的現象產生。造成黃化的原因大部分是因缺肥所造成，若此時才開始追肥可能為時已晚，因此可在播種前就充分混入有機肥。

Q2 為什麼要疏苗呢？這樣會不會造成浪費？不疏苗會有什麼結果？

A2 播種的數量通常會多於最後採收的數量， 因為我們無法確定種子的發芽率與成長後的狀況，因此疏苗的時候，只需保留健壯的植株，讓植株彼此有適當的空間成長，也可使植株透氣通風，減少病蟲害發生。若此時疏苗的份量夠，可以拿來食用就不會覺得浪費了。

菠菜

Spinach

一年生草本

英名》Spinach

別名》紅根菜、鸚鵡菜

科名》藜科

栽種難易度》★★

栽種月份表

1月	2月	3月	4月	5月	6月	7月	8月	9月	10月	11月	12月

栽種▶9月～翌年3月

疏苗▶栽種後10～14天

追肥▶栽種後12～15天

採收▶栽種後35～40天

特徵▸▸▸

- 原產於中亞波斯（現在的伊朗），因此也稱為「波斯」，大約於漢朝時期傳入中國。
- 菠菜的**營養價值高**，富含葉紅素、維生素B1、B2、C，亦含大量鈣、鐵、礦物質，早年卡通「大力水手」就以菠菜的營養價值，來鼓勵小朋友多吃蔬菜，目前已是人人皆知的蔬菜之一。
- 菠菜性喜冷涼，適溫18～22℃最宜，過冷（15℃以下）或過熱均會影響其生長，易使菠菜提早老化或停滯生長。

綠手指小百科

播種	春、秋、冬三季栽培。
疏苗	第一次疏苗10～14天（2片葉子），之後視狀況進行第二次疏苗。
追肥	本葉長出3～4片時，適量施以有機質肥料 。
日照	性喜冷涼，日照時間過長容易抽苔開花；對光線敏感，因此栽培時，夜間要避開燈光。
水分	介質乾再澆水。菠菜不喜歡過濕，要注意澆水不過量。
繁殖	撒播種子。
採收	大約35～40天即可全株採收。
食用	全株皆可食用，根部營養豐富不宜去除。

栽種步驟 STEP BY STEP ▸▸▸

1 買種子

一般市售菠菜種子有二種顏色，一種是帶有殺菌劑的粉紅色，及不含化學藥劑的原色種子。

2 浸泡種子

菠菜的種子最好在前一天先泡水，可縮短發芽的時間，浸泡時間約8～12小時即可。

3 點播種子

將種子以約10公分的間距直播於土壤上，同一點種下約3～5顆種子。

▲覆上一層薄土後澆水，保持土壤濕潤。

4 發芽後疏苗

大約3～5天後，開始長出小小綠芽。大約10～14天後就可以開始疏苗，等長出3～4片葉子時，視狀況進行第二次疏苗，將黃葉或子葉不完整的幼苗摘除。

5 生長期可追肥

菠菜屬於短期葉菜類蔬菜，每週少量施肥一次。約14天後當本葉長出3～4片時，可以在根部附近或表土上，適量施以有機質粒肥。

6 生長期注意澆水

菠菜性喜冷涼，忌高溫潮濕，所以生長期中應在上午澆水，保持土壤全天濕潤，切勿澆水過量。

▲生長約15天。

▲生長約20天。

7 成長準備採收

25天之後就生長茂密，此時可以先食用部份。大約35～50天，菠菜就可以收成了。

QA大哉問

Q1 菠菜的種子一定要先浸泡嗎？不浸泡可以嗎？

A1 如果省略種子浸泡的動作，種子還是會發芽，只是發芽的時間會較久，而且植株的生長速度會不一致。

Q2 菠菜種子有兩種顏色，哪一種比較好呢？

A2 一般市面上菠菜的種子有二種，一種是帶有粉紅色的粉衣，另一種為原色的種子。粉紅色的菠菜種子是因為添加殺菌劑等化學藥劑，用以延長種子的保存期限及延遲發芽、避免被蟲吃食。若想在家種植有機菠菜，建議最好挑選沒有添加藥劑的原色種子。

▲粉紅色種子含有殺蟲藥劑。

▲原色種子不含化學藥劑。

茼蒿

Edible Chrysanthemum

一、二年生草本

英名》 Edible Chrysanthemum

別名》 打某菜 、春菊、菊花菜

科名》 菊科

栽種難易度》 ★

栽種月份表

1月	2月	3月	4月	5月	6月	7月	8月	9月	10月	11月	12月

栽種▶9月～翌年3月

疏苗▶栽種後10天

追肥▶栽種後10天

採收▶栽種後30～40天

特徵 ▸▸▸

- 一年當中除了炎熱的夏天外，其他季節都適合栽種茼蒿。
- 茼蒿又稱為「打某菜」，因葉片含有大量的水分，但一經熱燙入鍋，水分便大量流出，原本一大把的菜只剩「一小碟」，因此老公以為老婆偷吃菜，就對老婆大打出手，「打某菜」就此得名。
- 茼蒿的莖和葉均可食用，營養成分高，尤其胡蘿蔔素的含量超過一般蔬菜，是高價營養的鮮美綠葉菜，尤其在天冷的火鍋季，更是餐桌上不可或缺的佳餚。
- 茼蒿含有一種**揮發性的精油以及膽鹼等物質**，因此具有開胃健脾、降壓補腦等功效；常食茼蒿，對咳嗽痰多、脾胃不和、記憶力減退、習慣性便秘等均有改善效果。

綠手指小百科

播種	秋、冬、春季播種，以秋、冬季品質最佳。
疏苗	播種後10天，約生長1～2片葉時可適時疏苗。
追肥	生長期間每10天追肥一次，或少量多次追肥。
日照	全日照，日照充足且良好。
水分	水分需求大，必須要充足。
繁殖	撒播種子。
採收	大約30～40天即可採收，可連續採收1～2次（視植株生長狀況不一）。
食用	全株皆可食用。

栽種步驟 STEP BY STEP ▸▸▸

1 浸泡種子
茼蒿種子播種前，可先泡水6～8小時。

2 撒播種子
以撒播的方式播種，均勻的輕撒於土壤上。

3 覆土並澆水
播種後輕輕覆上一層薄土。覆土後要輕灑水，並保持土壤的濕潤。

4 發芽後疏苗
播種後約3～4天，茼蒿開始發芽。生長到1～2片葉時，可以把互相重疊的部份作疏苗，之後可視狀況再做第二次疏苗。

5 成長期間要追肥
生長期間要注意日照充足，以免造成蔬菜徒長。生長期間每10天要追肥一次，盡量少量多次。

×

◀日照不足，造成徒長現象。

6 採收

大約經30～40天，茼蒿達20公分且花苔未抽出前，即可採收。採收時可保留4～5葉，施以液肥後側芽會再繼續生長。

QA大哉問

Q1 為什麼茼蒿採收後要保留4～5片葉子？

A1 採收後保留4～5片嫩葉，讓植株可以繼續行光合作用，就能再行生長，可以再採收數次。

Q2 為什麼要在花苔尚未抽出前採收？來不及採收會怎麼樣呢？

A2 茼蒿喜歡冷涼氣候，氣溫在15～18℃最適宜栽種；若高溫日照12小時以上，會提早抽苔開花，蔬菜開花表示要老化繁衍下一代，因此在未開花抽苔前採收的茼蒿較嫩，品質較好。

Q3 為什麼我種的茼蒿長得不像市場賣的那麼好？

A2 秋播茼蒿常會因白天「秋老虎」的肆虐，使土壤乾燥進而影響茼蒿生長。因此栽種茼蒿必須隨時保持土壤濕潤，冬天寒流來襲在10℃以下也會影響茼蒿的生長，此時需稍作防寒措施，可用透明塑膠袋包覆四周，保持通風，作小型溫室栽培。

◀ 可用透明塑膠袋包覆四周，作防寒措施。

青江菜

Bok Coy

一年生草本

英名》 Bok Coy

別名》 湯匙菜、湯匙白、青梗白菜

科名》 十字花科

栽種難易度》 ★

栽種月份表

1月	2月	3月	4月	5月	6月	7月	8月	9月	10月	11月	12月

栽種▶1～12月

疏苗▶栽種後7天

追肥▶栽種後10天

採收▶栽種後25～35天

特徵

- 一年四季皆可栽培。因生長速度快，栽種能獲得很大的成就感。適合居家栽種，初學者可於秋天播種，成功率較高。
- 含維生素C、B1、B2、β胡蘿蔔素、鉀、鈣、鐵、蛋白質等營養，據傳有防癌效果，可防老化，滋潤皮膚，且富有纖維質，可以有效改善便秘；全株均可食，適炒食或煮湯。
- 中醫認為**唇舌乾燥**、**牙齦腫脹出血**，多**吃青江菜可獲得改善**。
- 青江菜的莖葉含有大量水分，若為有機青江菜，可直接生食暫時解渴。

綠手指小百科

播種	全年皆可栽種，尤其以春、秋、冬季品質較佳。
疏苗	約7天（2～3片葉子）進行第一次疏苗，12天（4～5片葉子）進行第二次疏苗，每株間距約8～12公分。
追肥	本葉長出4～5片時，適量施以有機質肥料 。
日照	全日照。
水分	必須保持土壤的濕潤及排水良好。
繁殖	撒播種子。
採收	大約25～35天即可全株採收食用。
食用	全株莖葉皆可食用。

栽種步驟 STEP BY STEP ▸▸▸

1 取種子

取適量青江菜的種子，準備播種。

2 撒播種子

以撒播的方式播種，每顆種子大約距離1公分的間距撒播。土壤在播種前先施以基肥，後續可不須追肥。

3 覆土後澆水

播種後覆上薄薄一層土。覆土後必須馬上澆水，保持土壤的濕潤度及良好的排水性，避開中午時間澆水，以早晨或傍晚為宜。

▲疏苗前。

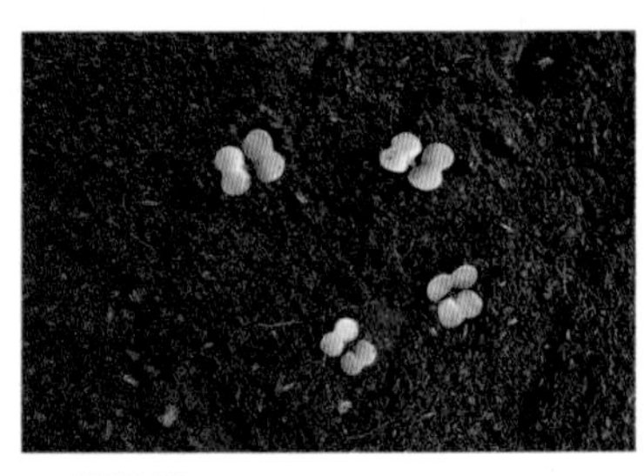

▲疏苗後。

4 發芽

約1～2天後可以看到種子發芽。

5 第一次疏苗

約7天長成2～3片葉子時進行第一次疏苗，每株間距約8～12公分。

6 第二次疏苗

第12天約4～5片葉子生長時，若植株間距仍生長太密，可以在此時進行第二次的疏苗間拔動作。

7 施肥

青江菜屬於短期葉菜類蔬菜，播種前施基肥，不須追肥。若需施肥，當本葉長出4～6片時，可以在根部附近或表土上，適量施以有機質肥料 。

8 採收

大約在25～35天後，就可以採收。

QA大哉問

Q1 為什麼我的青江菜還沒採收就開始黃葉了呢？

A2 菜葉黃化的影響因素很多，除了自然老化還有可能是澆水過多或缺肥，尤其是家庭式栽培用的是培養土，保水跟保肥力有限，所以建議添加1/3左右的一般土與培養土混合使用，可改善保水、保肥力。

Q2 市面上有一種跟青江菜很像的蔬菜，但為紫色葉片，跟青江菜是同一種嗎？

A2 這種紫色葉片是青江菜的新品種，名叫「紫葉青江菜」，為進口的稀有品種，也有種子在販售。

芥藍菜

Chinese kale

一年生草本

英名》Chinese kale

別名》綠葉甘藍、格藍菜

科名》十字花科

栽種難易度》★

栽種月份表

1月	2月	3月	4月	5月	6月	7月	8月	9月	10月	11月	12月

栽種▶1～12月

疏苗▶栽種後7天、12天

追肥▶栽種後12天

採收▶栽種後30～40天

特徵

- 一年四季均能栽培，生性強健，適應能力及抗病能力都很高，很適合居家栽培。
- 屬十字花科植物，**蟲害嚴重**，所以購買非有機芥藍菜時，**若葉面完整無小洞，則農藥殘留機率相對較高**。
- 多吃芥藍能清潔血液，增強癌症抵抗力，促進皮膚新陳代謝，是自然養顏聖品。富含維生素A、B群、C及各種礦物質，例如磷、鉀、鈣、鎂、鈉、鐵、鋅等。

綠手指小百科

播種	全年皆可栽種，尤其以春、秋、冬季品質較佳。
疏苗	約7天（2～3片葉子）進行第一次疏苗，12天（4～5片葉子）進行第二次疏苗，每株間距約8～12公分。
追肥	本葉長出4～5片時，適量施以有機質肥料 。
日照	全日照。
水分	必須保持土壤的濕潤及排水良好。
繁殖	撒播種子。
採收	大約30～40天即可全株採收或摘取嫩葉、花苔食用。
食用	全株莖葉皆可食用。

栽種步驟 STEP BY STEP ▸▸▸

1 取種子

取適量芥藍菜種子，準備播種。

2 撒播種子

以撒播的方式播種，每顆種子大約距離1公分的間距撒播。播種前也可以施以基肥，日後即不用再追肥。

3 覆土後澆水

播種後覆土約0.5公分的厚度， 可防止種子因澆水而被沖散。覆土後必須馬上澆水。保持土壤的濕潤度及良好的排水性。避開中午時間澆水，以早晨或傍晚為宜。

▲黃花芥藍生長14～18天左右。

4 發芽後疏苗

播種後約1～2天後就可以看到小小種子發芽了。大約第7天長出2～3片葉子時，可進行第一次疏苗。

5 生長期間可施肥

芥蘭菜屬於短期葉菜類蔬菜，播種前施基肥，不須追肥或少量使用。若需施肥，當本葉長出4～6片時，可以在根部附近或表土上，適量施以有機質肥料 。

6 第二次疏苗

成長第20天。可視狀況進行第二次疏苗，每株間距約8～12公分。拔下的幼苗亦可食用。

7 採收

播種後大約30～40天，就可以陸續採收，黃花芥蘭菜可連續採收數次。

QA大哉問

Q1 芥藍菜的花有分成黃色及白色兩種，在食用上有什麼差別嗎？

A1 芥藍菜有分黃花及白花兩個品種，在食用上白花芥蘭可以整株食用，要全株採收；黃花芥蘭則食用嫩莖葉的部分，可連續採收數次。

Q2 我的菜長得瘦高又細長，是營養不良嗎？

A2 蔬菜的菜莖過於細長，是徒長現象，表示日照不足，或者水分過多，要從日照及水分進行改善。

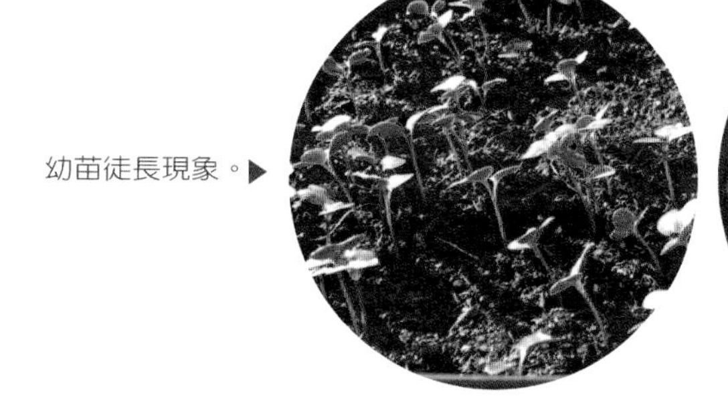

幼苗徒長現象。▶

▲黃花芥蘭開花樣貌。

落葵

Ceylon spinach

一年生或多年生蔓性草本
英名》 Ceylon spinach
別名》 皇宮菜、胭脂菜
科名》 落葵科
栽種難易度》 ★

栽種月份表

1月	2月	3月	4月	5月	6月	7月	8月	9月	10月	11月	12月

- 栽種▶3～10月
- 疏苗▶栽種後10天，20天
- 追肥▶栽種後14天
- 採收▶栽種後30～35天

特徵

- 落葵就是一般俗稱的「皇宮菜」，**生性強健，病蟲害少**，極少施用農藥，**是少數公認的安全蔬菜之一**。
- 性喜高溫，生育適溫為25～30°C；耐熱、耐濕，對環境適應性強，是台灣鄉土蔬菜。
- 落葵有蔓性，可達數公尺長。莖葉肉質、光滑柔軟可直立伸展，亦可沿支柱蔓生。栽種期間特別留意強風，長期受強風吹襲會影響生長，葉片會變薄，若居家頂樓栽種可架防風網擋住強風。

綠手指小百科

播種	春季播種，約3～10月。
疏苗	約第10天（2～3片葉子）第一次疏苗；第20天視情況第二次疏苗。
追肥	播種後14天施肥於根周圍再覆土。
日照	全日照。
水分	水分需求度高，要隨時保持土壤濕潤。
繁殖	播種或扦插。
採收	播種後約30～35天即可採收。
食用	嫩莖葉。

栽種步驟 STEP BY STEP ▸▸▸

1 取種子
取適量的落葵種子。

2 點播種子
使用點播的方式，每一穴中放入3～5顆種子。

3 覆土並澆水
播種後輕輕覆上一層薄土。覆土後要輕灑水，並保持土壤的濕潤。播種後約3～5天，就會開始陸續發芽。

4 發芽後疏苗
播種後約第10天（2～3片葉子）進行第一次疏苗，待20天後再視情況進行第二次疏苗。

5 生長期可追肥

因採收期長，所以二週後在根周圍施以肥料，每次採收之後再追肥，可少量多次。

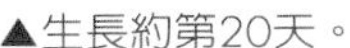

▲生長約第20天。

▲生長約第25天。

6 採收

大約經30～35天即可採收嫩莖葉食用，之後每15～20天左右可再陸續採收。

▲生長約80天後，皇宮菜開花樣貌。

QA大哉問

Q1 落葵用扦插還是播種的方式種植比較好呢？

A1 落葵直接扦插種植長根，需要10～14天的時間，之後才會開始長葉，約25～30天可採收；若採直接播種則同時長根長葉，成功率會較高。

Q2 落葵吃起來黏黏的很像川七菜，這黏液有什麼作用嗎？

A2 落葵特有的黏液對人體的胃壁有良好的保護作用，是對腸胃非常良好的蔬菜。用麻油薑絲清炒就是相當美味的一道菜。

萵苣

Garden Lettuce

一、二年生草本

英名》 Lettuce，Garden Lettuce

別名》 劍菜、鵝仔菜、媚仔菜、萵仔菜

科名》 菊科

栽種難易度》 ★

栽種月份表

1月	2月	3月	4月	5月	6月	7月	8月	9月	10月	11月	12月

栽種▶1～12月

疏苗▶栽種後7天，12天

追肥▶栽種後14天

採收▶栽種後30～35天

特徵

- 萵苣是日常生活常見的蔬菜，尤其是生菜沙拉、速食漢堡裡夾的生菜都叫萵苣。
- 萵苣分為不結球萵苣與結球萵苣，因萵苣的葉片有白色乳液，會分泌特殊氣味，讓蟲不敢靠近，因此**栽培期不常使用農藥，算是相當安全的蔬菜**。但要注意葉片一定要徹底清洗乾淨，避免將葉片上殘留的蟲卵、細菌吃進肚裡。
- 又稱「減肥生菜」，纖維含量高，深受女性朋友的喜愛。

綠手指小百科

播種	1～12月皆適合播種，以秋、冬、春季品質最好。
疏苗	播種後約7天可以開始進行第一次疏苗，第12天可以視生長狀況再進行第二次疏苗。
追肥	播種後14天，之後每週再追肥一次。
日照	日照要良好。
水分	保持土壤濕潤及排水良好。
繁殖	撒播種子。
採收	大約30～35天即可全株採收。
食用	全株皆可食用。

栽種步驟 STEP BY STEP ▸▸▸

1 取種子

取適量的萵苣種子，準備撒播。

2 撒播種子

取適量的種子，以撒播的方式將種子均勻地輕撒於土壤上。

3 澆水不覆土

萵苣種子好光，所以播種後不要覆土，直接以灑水器灑水於種子上，讓種子充足的吸收水分，充分的濕潤。

4 發芽後再疏苗

播種後約2～3天，萵苣的嫩芽就冒出頭了。大約播種後第7天，長出兩片子葉後，可以進行第一次的疏苗，將子葉發育不完整的幼苗摘除。

5 生長要施肥

大約14天的萵苣，已經長出4～5片葉。此時，可以依生長狀況做第二次的疏苗，摘除發育不健全的幼苗。這時可以施加有機肥一次，之後每7天再追肥一次。

▲每7天追肥一次。

6 成長

萵苣喜好冷涼氣候，除盛夏外，其它季節栽種都能有好的收成。

▲成長20天的萵苣。

▲成長25天的萵苣。

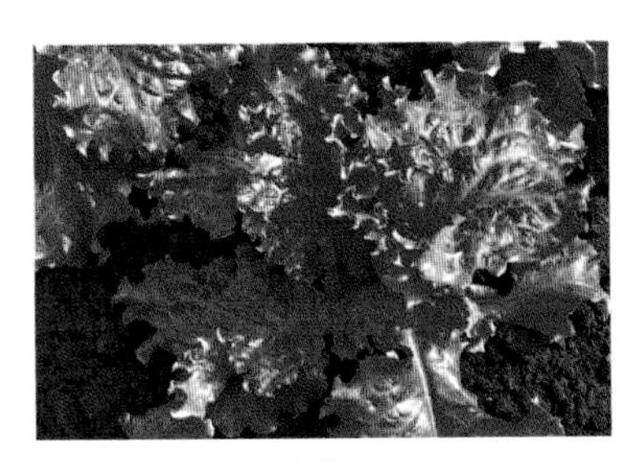

▲成長25天的萵苣。

7 採收

大約在30～35天後，萵苣就可以採收。

QA大哉問

Q1 為何我播種的萵苣種子，已經數天了卻還沒發芽？

A1 萵苣喜歡冷涼的環境，尤其溫度在18～22℃之間最適當。萵苣種子有適光性，因此不宜覆土，播種後將種子充分澆濕，移至陰涼處或蓋上報紙防止太陽直接照射，等種子發芽後再移至陽光下生長。

Q2 萵苣可以種植後不採收，讓它結果再收集種子嗎？

A2 萵苣開花之後會結果實，可剪取一段已結果的枝條，在紙上或布上輕輕敲打枝條，種子就會自行掉落。收集之後放置冰箱冷藏，若保存良好可以存放二年。如超過二年或存放不當，種子的發芽率較不佳。

▲拔葉萵苣生長約80天後，可準備收集種子。

Q3 聽說萵苣是傷害人體最大的蔬菜，為什麼呢？

A3 提到萵苣就會聯想到生菜，萵苣栽培不需使用農藥，但是直接生吃反而成為隱憂。吃生菜沙拉前最好能徹底清洗每片葉片。根據統計，清洗葉片約需沖洗30分鐘才能將葉片上的細菌、蟲卵徹底清洗乾淨，所以在外食生菜沙拉要小心注意。

萵苣類蔬菜大集合

A菜、尖葉萵苣、圓葉萵苣、皺葉萵苣、菊苣、蘿蔓、福山萵苣、大陸妹、美生菜、立生萵苣、波斯頓萵苣等都算是萵苣類的蔬菜。

▲明眼萵苣(菊苣)(25天)

▲拔葉萵苣（20天）

▲A菜（25天）

▲福山萵苣（30天）

▲蘿蔓（40天）

▲捲葉萵苣

附錄・中國傳統種菜二十四節氣

小寒 國曆 1月5或6日

【陰曆：十二月】天氣嚴寒。

北部	菜豆、菜頭、蘿蔔、皇帝豆
中部	金瓜、冬瓜、南瓜、西瓜
南部	茄子、冬瓜、金瓜

大寒 國曆 1月20或21日

【陰曆：十二月】一年最寒冷的時節。

北部	紅菜頭、菜瓜、茼蒿、菠菜
中部	菠菜、菜瓜、小白菜、紅菜頭
南部	土白菜、扁蒲、絲瓜

立春 國曆 2月4或5日

【陰曆：正月】春季開始。

北部	茄子、蕃茄、大蔥
中部	蕹菜、西瓜、胡瓜、甜瓜、杏菜、蔥
南部	萵苣、薑、越瓜

雨水 國曆 2月20或21日

【陰曆：正月】開始下雨。

北部	韭菜、結球萵苣、紫蘇、辣椒、落花生、玉蜀黍
中部	蕃豆、甜瓜、胡瓜、絲瓜、紫蘇、落花生
南部	茭白筍、蓮藕、絲瓜、紫蘇

驚蟄 國曆 3月5或6日

【陰曆：二月】春雷響了，冬眠動物醒了。

北部	胡瓜、西瓜、甜瓜、薑、落花生
中部	薑、刀豆、菜豆、茭白筍、落花生
南部	落花生、菜豆

春分 國曆 3月20或21日

【陰曆：二月】春季過了一半，晝夜等長。

北部	苦瓜、空心菜、韭菜、肉豆、山藥
中部	甘薯、胡瓜、薑、杏菜、肉豆、蔥
南部	豆薯、莧菜、落花生、刺瓜、肉豆、杏菜

清明 國曆 4月4或5日

【陰曆：三月】天氣暖了，清和而明朗。

北部	萵苣、荇菜、豆薯、莧菜、落花生、甘薯
中部	萵苣、茭白筍、蕃薯、鍋仔菜、大豆
南部	烏豆、皇帝豆、芥菜、大豆

穀雨 國曆 4月20或21日

【陰曆：三月】雨量增多，穀類長得好。

北部	茄子、辣椒、胡瓜、西瓜、大蔥、韭菜、菜瓜、空心菜、落花生、甘薯
中部	辣椒、菜豆、大豆、空心菜、大蔥、蔥
南部	大蔥、菜豆、芥菜、空心菜、蔥

立夏 國曆 5月5或6日

【陰曆：四月】夏季開始。

北部	紅豆、芥菜、黃秋葵、甘薯
中部	菜豆、大蔥、大豆、甘薯
南部	白豆、烏豆、蘿蔔

小滿 國曆 5月21或22日

【陰曆：四月】麥粒長得飽滿了。

北部	大蔥、胡瓜、茄子、菜豆、甘薯、大蔥
中部	空心菜、土白菜、韭菜、蒜、白豆
南部	小白菜、空心菜、越瓜、大豆

芒種 國曆 6月5或6日

【陰曆：五月】有芒的作物（麥類）成熟。

北部	蔥仔、胡瓜、茄子、菜豆
中部	土白菜、甕菜、韭菜、蕃薯
南部	甕菜、小白菜、越瓜、大豆

夏至 國曆 6月21或22日

【陰曆：五月】夏天到了，晝最長夜最短。

北部	小白菜、櫻桃、蘿蔔、金針菜
中部	金針菜、土白菜、水芹菜
南部	水芹菜、越瓜、金針菜、胡瓜

小暑

國曆 7月7或8日 【陰曆：六月】 天氣開始炎熱。

- **北部** 甘薯、芹菜、越瓜
- **中部** 胡瓜、菜豆、芥藍菜、玉米
- **南部** 辣椒、蕃茄、土白菜

大暑

國曆 7月22或23日 【陰曆：六月】 一年最熱時節。

- **北部** 花椰菜、土白菜、高腳白菜、甘藍
- **中部** 甘藍、芥蘭、冬瓜、甘薯
- **南部** 冬瓜、菜豆、黃秋葵、玉米、茼蒿、土白菜

立秋

國曆 8月7或8日 【陰曆：七月】 秋季開始。

- **北部** 甘藍、白豆、大蔥、大豆、芹菜、花椰菜
- **中部** 茄子、蕃茄、芹菜、芥蘭、甘薯
- **南部** 芥菜、甘藍、玉蜀黍、甘薯、越瓜

處暑

國曆 8月23或24日 【陰曆：七月】 暑熱的天氣快結束了。

- **北部** 芥蘭、菜豆、八月豆、甘薯、高麗菜
- **中部** 蕃茄、辣椒、八月豆、落花生、大豆、花椰菜
- **南部** 甘藍、花椰菜、落花生、大豆、茼蒿、甘薯

白露

國曆 9月7或8日 【陰曆：八月】 春雷響了，冬眠動物醒了。

- **北部** 菜豆、花椰菜、胡瓜、菠菜、甘薯、辣椒、萵苣
- **中部** 辣椒、花椰菜、菠菜、蕪菁、萵苣
- **南部** 荷蘭豆、白菜、芥菜、落花生、大豆

秋分

國曆 9月23或24日 【陰曆：八月】 秋季過了一半，晝夜等長。

- **北部** 胡椒、蒲公英、馬鈴薯、韭菜、萵苣、白菜、胡蘿蔔
- **中部** 胡蘿蔔、牛蒡、甘薯、大蔥、蕪菁、茄子
- **南部** 西瓜、苦瓜、胡蘿蔔、花椰菜、苦苣

寒露

國曆 10月8或9日 【陰曆：九月】 氣溫更低，夜間有露水。

- **北部** 蕪菁、荷蘭豆、胡蘿蔔、馬鈴薯、豌豆、茄子
- **中部** 茄子、豌豆、白菜、菠菜、馬鈴薯、荷蘭豆
- **南部** 馬鈴薯、苦瓜、西瓜、花椰菜、荷蘭豆、甘薯

霜降

國曆 10月23或24日 【陰曆：九月】 開始有霜。

- **北部** 馬鈴薯、卷心菜、胡椒、皇帝豆、角菜、刈菜
- **中部** 辣椒、火燄菜、蕪菁、蕃茄、蒜
- **南部** 芹菜、辣椒、蕃茄、蕪菁、甜菜根、苦苣

立冬

國曆 11月7或8日 【陰曆：十月】 冬季開始。

- **北部** 馬鈴薯、菜豆、大茄子、皇帝豆
- **中部** 胡蘿蔔、百合、玉蜀黍
- **南部** 西瓜、苦瓜、球莖甘藍、大小麥

小雪

國曆 11月22或23日 【陰曆：十月】 開始下雪。

- **北部** 萵苣、芹菜、胡椒、芫荽、刈菜、高麗菜
- **中部** 馬鈴薯、大蔥、玉蜀黍
- **南部** 大蔥、胡瓜、玉蜀黍

大雪

國曆 12月7或8日 【陰曆：十一月】 大風雪。

- **北部** 冬瓜、南瓜、扁蒲、卷心白菜、金瓜
- **中部** 南瓜、扁蒲、韭菜、蘿蔔、玉蜀黍
- **南部** 西瓜、苦瓜、甜瓜、胡瓜、扁蒲、玉蜀黍、韭菜

冬至

國曆 12月21或22日 【陰曆：十一月】 寒冷開始；晝最短夜最長。

- **北部** 皇帝豆、菜豆、蘿蔔、蕪菁
- **中部** 蘿蔔、玉蜀黍、南瓜、韭菜
- **南部** 冬瓜、茄子、大蔥、韭菜、蘿蔔

台灣廣廈國際出版集團
Taiwan Mansion International Group

國家圖書館出版品預行編目（CIP）資料

安心蔬菜自己種：陽台菜園「有機栽種」全圖解！從播種育苗到追肥採收，28款好種易活的美味蔬菜 / 謝東奇著. -- 二版. -- 新北市：蘋果屋, 2022.07
面； 公分
ISBN 978-626-95574-6-2（平裝）
1.CST: 蔬菜 2.CST: 栽培

435.2 111008302

安心蔬菜自己種（暢銷封面版）

陽台菜園「有機栽種」全圖解！從播種育苗到追肥採收，28款好種易活的美味蔬菜

作　　者／謝東奇
攝　　影／子宇影像工作室
林宗億
編輯中心編輯長／張秀環・**編輯**／蔡沐晨
封面設計／何偉凱・**內頁排版**／紅逗設計工作室
製版・印刷・裝訂／皇甫・皇甫・明和

行企研發中心總監／陳冠蒨
媒體公關組／陳柔彣
綜合業務組／何欣穎
線上學習中心總監／陳冠蒨
產品企製組／黃雅鈴

發 行 人／江媛珍
法律顧問／第一國際法律事務所 余淑杏律師・北辰著作權事務所 蕭雄淋律師
出　　版／蘋果屋
發　　行／蘋果屋出版社有限公司
地址：新北市235中和區中山路二段359巷7號2樓
電話：（886）2-2225-5777・傳真：（886）2-2225-8052

代理印務・全球總經銷／知遠文化事業有限公司
地址：新北市222深坑區北深路三段155巷25號5樓
電話：（886）2-2664-8800・傳真：（886）2-2664-8801
郵政劃撥／劃撥帳號：18836722
劃撥戶名：知遠文化事業有限公司（※單次購書金額未達1000元，請另付70元郵資。）

■出版日期：2022年07月
ISBN：978-626-95574-6-2